지휘의 눈, 승리의 설계도

사람을 품고 지형을 읽는 1인칭 리더의 임무 완결법

Leader

지휘의 눈,
승리의 설계도

사람을 품고 지형을 읽는
1인칭 리더의 임무 완결법

김근호 지음

좋은땅

차례

프롤로그 ─ 진정성이 전장에서 피어난 인간 중심의 리더십 ··· 6

1부
병력: 병영문화의 주체, 그들의 가슴을 뛰게 하라

1장 ─ 용사와 간부, 그 평행선 위의 '동상이몽(同床異夢)' ··· 15

2장 ─ 아픈 사회가 보낸 신호: 용사는 심리적·정서적으로 아프다 ··· 22

3장 ─ 병영문화의 주체는 '용사'다:
대물림되는 악습의 고리를 끊는 가족 체계적 처방 ··· 29

4장 ─ 잠든 동기를 깨우는 리더의 마법:
군 생활을 '성장 체험'으로 디자인하라 ··· 35

5장 ─ '나와 너'의 만남이 만드는 무형의 전투력:
신뢰와 관계의 본질적 가치 ··· 40

2부
임무: 승리를 위한 실전적 훈련과 지휘의 예술력

6장 ─ 현대전의 투명한 전장: 러시아·우크라이나 전쟁이
초급 간부에게 던지는 생존의 화두 ··· 56

7장 ─ 완벽한 '준비'는 사람을 아는 것에서 시작된다:
이순신 장군의 인재 경영과 적재적소의 미학 ··· 62

8장 — 관리의 주인이 되는 법:

　　　　1인칭의 삶으로 일궈내는 부대관리와 협업의 예술　　… 69

9장 — 데이터와 공감이 만나는 지점:

　　　　초급 간부를 위한 용사 면담의 과학　　… 78

10장 — 하루살이의 삶에서 벗어나는 지혜:

　　　　명시과업과 추정과업의 조화를 통한 '주체적 몰입'　　… 84

3부
지형과 기상: 전장의 지배자, 대지의 숨결을 읽는 지혜

11장 — 지형은 암기다:

　　　　눈앞의 능선을 넘어 승리로 가는 길을 외워라　　… 96

12장 — 하늘의 뜻을 읽는 리더가 전장을 지배한다:

　　　　기상과 전투력의 상관관계　　… 101

13장 — 선제적 조치의 미학:

　　　　월별 지표와 데이터로 설계하는 완벽한 부대관리　　… 108

에필로그 — 당신이 바로 그 위대한 리더십의 전설입니다　　… 114

부록A — 기고문(리더십 센터, 동원N예비군, 국방일보)　　… 118

부록B — 이란 사태의 이면: 무너진 민신(民信)과 리더의 태도　　… 141

진정성이 전장에서 피어난 인간 중심의 리더십

1998년 2월, 3사관학교의 높은 문턱을 넘어 생도로서 첫발을 내디뎠던 그날부터 2022년 7월 전역의 순간까지, 나의 24년은 전후방 각지의 산천과 부대원들의 숨소리로 가득 차 있습니다. 초급 간부 시절 전방 사단과 GOP에서 겪었던 부대원들과의 팽팽한 기싸움, 지휘관과의 관계에서 오는 고뇌, 그리고 군인으로서 지켜야 할 규정과 현실적인 융통성 사이에서의 끊임없는 딜레마는 나를 연마하는 뜨거운 용광로였습니다. 해안연대의 작전장교, 향토사단의 실무 과장, 군단 작전처의 긴박한 일상, 그리고 특공부대의 지역대장과 수색대대의 부지휘관에 이르기까지 내가 거쳐온 수많은 직책은 단순한 경력이 아니라 인간과 조직에 대한 깊은 탐구의 시간이었습니다.

세상의 잣대로 본다면, 그리고 진급이 곧 성공이라는 군 조직의 일차원적인 결과론으로 본다면 나는 '원치 않는 전역'을 마주한 실패자일지도 모릅니다. 하지만 박사 과정을 지나며 학문적 렌즈로 투영해 본

나의 군 생활은 결코 실패가 아니었습니다. 오히려 그것은 칼 로저스 (Carl Rogers)가 말한 '실현경향성(the actualizing tendency)'을 증명해 나가는 거대한 과정이었습니다. 로저스는 인간이 본능적으로 성장과 완성을 향하며, 최상의 '인간존재성(human-beingness)'을 성취하기 위해 나아간다고 믿었습니다. '전체로서의 유기체'라는 개념 아래, 우리 모두는 자기 안에 이해와 변화를 추구하는 거대한 잠재력을 품고 있습니다. 나의 군 생활은 그 잠재력을 깨닫고, 나 자신과 부대원들이 가진 고유한 가능성을 해방하기 위해 성장을 방해하는 요소를 제거해 나가는 고군분투의 현장이었습니다.

그 과정에서 재해석한 내곡동 동원훈련 총기 사고는 내 군 인생의 결정적인 '각성 사건'이었으며, 사고의 틀을 근본적으로 바꾸게 되었습니다. 이후, 나는 윤정구 교수님의 '진성리더십(Authentic Leadership)'이 강조하는 네 가지 기둥으로 현역 시절을 되짚어 보며, 내 삶에 세우기 시작했습니다. 첫째는 '자기인식'입니다. 사고의 참혹함 앞에서 리더로서의 도덕적 책임과 내가 지향해야 할 가치가 무엇인지 처절하게 질문했습니다. 둘째는 '자기규제'입니다. 외적인 압박이나 관행에 휘둘리지 않고, 내면의 가치 체계에 따라 일관되게 행동하려 노력했습니다. 셋째는 '균형된 정보처리'입니다. 특정 편견에 치우치지 않고 객관적인 데이터를 바탕으로 최선의 의사결정을 내리려 고심했습니다. 마지막으로 '관계적 투명성'입니다. 특공 지역대장 시절, 간사, 학군, 학사, 3사, 육사 등 서로 다른 출신의 중대장들을 지휘하며 나는 나의 취약함과 진심을 솔직하게 드러냄으로써 그들에게 비로소 마음을 얻을 수 있었습니다. 이는 급격한 변화보다 진정성이라는 목적지를 향해 꾸준히 나아가는 '급진거북이'의 전략과도 일맥상통합니다.

인간중심상담의 원리는 내가 마주한 수많은 갈등의 해답이 되어 주었습니다. 적지종심작전의 극한 체력적 한계 상황에서 부대원들을 이끌 수 있었던 힘은 명령이 아니라 '공감적 이해'에서 나왔습니다. 준비되지 않은 초급 간부들에게 개입하여 그들의 성장을 도왔던 부대대장의 경험 역시, 상대의 가치를 조건 없이 인정하는 '무조건적 긍정적 관심'과 나의 내면과 행동이 일치하는 '일치성'이 뒷받침되었기에 가능했습니다. 나는 리더란 부대원을 통제하는 자가 아니라, 그들이 가진 실현경향성을 믿고 그들이 스스로의 잠재력을 발현할 수 있는 안전한 심리적 환경을 조성해 주는 사람이어야 함을 확신합니다.

지금 나는 이화여자대학교 학군단에서 장교의 길을 걷고자 하는 이들의 교관으로 서 있습니다. 누군가는 군을 '스펙'이나 '직업'으로 여기며 이곳에 발을 들입니다. 2025년 중·고생 희망 직업 6위에 군인이 올라와 있는 오늘날, 나는 이들에게 무엇을 가르쳐야 하는지 매일 고민합니다. 1년에 두 차례, 동·하계 입영 훈련을 통해 그들에게 군사학을 가르치는 것은 단순한 지식의 전달이 아닙니다. 그것은 내가 겪은 수많은 에피소드—계절별, 시기별로 반복되는 고단한 업무와 행사, 그리고 그 안에서 피어난 인간적 고뇌—를 나누며 그들을 진성리더로 훈육

지휘의 눈, 승리의 설계도

하는 과정입니다.

만약 내가 가르친 사관후보생들이 임관하여 육군의 발전에 단 한 걸음의 발자취라도 남길 수 있다면, 나는 군인으로서 과정에서뿐만 아니라 결과에서도 '성공자'가 될 것입니다.

이 책은 그 과정의 성공을 향한 여정의 일부이자, 경험하지 못한 미래의 간부들에게 건네는 따뜻한 조언입니다. 나의 청춘이 담긴 이 기록들이, 스스로를 실패자로 여기거나 리더십의 길에서 방황하는 이들에게 자신의 잠재력을 발견하는 도구가 되기를 소망합니다. 진정한 리더십은 화려한 계급장이 아니라, 자신의 취약함을 인정하는 용기와 인간에 대한 깊은 애정에서 시작된다는 것을 나는 이제 분명히 말할 수 있습니다.

1부

병력: 병영문화의 주체, 그들의 가슴을 뛰게 하라

군이라는 거대한 조직을 움직이는 가장 작지만 위대한 단위는 결국 '사람'입니다. 우리가 부대원들을 부를 때 사용하는 명칭 속에는 상대를 바라보는 리더의 철학이 고스란히 투영되어 있습니다. 관리 대상으로서의 계급적 측면이 강한 '병사(兵士)'나 광범위한 행정 용어인 '장병(將兵)' 대신, 나는 그들을 '용사(勇士)'라 부릅니다. 이는 용사 개개인을 단순히 통제받는 객체가 아니라, 자신의 잠재력을 스스로 실현하고자 하는 '실현경향성(Actualizing Tendency)'을 가진 고귀한 주체이자 전장에서 승리를 함께 만들어가는 인생의 동반자로 인정하는 선언입니다. 리더가 용사를 기계적인 부속품이 아닌 존엄한 인격체로 정의할 때 비로소 진정한 리더십의 마법이 시작됩니다.

그러나 오늘날 우리 군이 마주한 '사람'들의 내면은 그 어느 때보다 위태롭습니다. 군은 사회라는 거대한 바다 위에 떠 있는 섬과 같아서, 사회의 병리적 현상은 고스란히 군 조직으로 전이됩니다. 폭증하는 우

지휘의 눈, 승리의 설계도

울감 지표와 정신건강 문제로 군을 떠나는 인원의 숫자는 우리 군이 마주한 용사의 실체가 이미 사회에서부터 깊은 상처를 안고 입대한다는 사실을 증명합니다. 간부는 이제 단순한 관리자를 넘어, 아픈 사회가 보낸 이 청년들을 보듬고 치유하는 '정서적 안전기지'가 되어야 합니다. 육군의 핵심 가치인 상호존중이 생활관 벽면의 표어가 아닌 리더의 진실한 태도로 발현될 때, 상처 입은 용사는 비로소 마음의 문을 열게 됩니다.

군 조직은 24시간을 함께하며 정서적 에너지를 공유하는 하나의 거대한 '정서적 가족 체계'와 같습니다. 보웬의 '다세대 전수과정' 이론에 따르면, 선임병의 부조리는 부대 내 만성적인 불안을 타고 후임병에게 대물림됩니다. 이 비극적인 고리를 끊기 위해 용사는 주변의 강요나 분위기에 휩쓸리지 않고 이성적으로 판단하여 자신의 원칙을 지키는 '자기분화(Differentiation of Self)' 수준을 높여야 합니다. 리더는 용사들이 불안에 전염되지 않도록 '나-입장(I-Position)'을 견지할 수 있는 안전한 제방이 되어주어야 하며, 이러한 주체적 변화가 시작될 때 부대 전체 시스템은 긍정적인 도약을 시작하게 됩니다.

군대라는 통제된 환경은 종종 용사의 동기를 억압하지만, 진정한 리더는 이를 '성장 체험'의 장으로 바꿀 수 있습니다. 포상 휴가와 같은 외재적 보상인 간접동기에만 의존해서는 지속적인 변화를 이끌어 낼 수 없습니다. 용사가 임무의 의미를 찾고, 동료들과 협업하며 자신의 가치를 재발견하는 '직접동기'가 발현될 때 군 생활은 억지로 버티는 시간이 아닌 나를 단련하는 품성 교육의 장으로 전환됩니다. 리더의 임무는 용사들의 동기를 가로막는 장애물을 치우고, 그들이 군 복무를 통해 새로운 나를 발견하는 '사회적 실험실'의 주인공이 되도록 환경을 조성하는 것입니다.

결국 군의 무형 전투력은 화려한 무기가 아닌 '신뢰와 관계'라는 본질적 가치에서 나옵니다. 마틴 부버가 말한 '나-너'의 인격적 만남이 이루어질 때, 부대는 서로의 생명을 맡기는 진정한 운명 공동체가 됩니다. 해리 할로우(Harry Harlow) 박사의 애착 실험에서처럼, 리더가 정서적으로 단단하고 안정된 존재가 되어 줄 때 상처받은 용사들은 비로소 안전감을 느끼며 강인한 전사로 거듭납니다. 영화 〈고지전〉의 악어 중대처럼 서로의 행동을 완벽히 신뢰하는 관계는 극한의 상황에서 상상을 초월하는 전투력을 발휘하게 합니다. 여러분의 진실한 관계가 곧 육군의 무적 전설을 만드는 기초석이 될 것이며, 사람을 남기는 군인이야말로 진정한 승리자로 기억될 것입니다.

지휘의 눈, 승리의 설계도

1장
용사와 간부, 그 평행선 위의 '동상이몽(同床異夢)'

"사람을 있는 그대로 대하면 그 사람은 그대로 남을 것이다.

하지만 그를 그가 될 수 있는 잠재적인 모습으로 대하면,

그는 정말 그런 사람이 될 것이다."

(괴테)

군이라는 조직을 구성하는 가장 작지만 가장 위대한 단위는 '사람'입니다. 하지만 우리는 그 사람을 부르는 이름에서부터, 그리고 그들을 바라보는 시선에서부터 이미 커다란 괴리를 겪고 있습니다. 1부의 문을 여는 이 장에서는 우리가 흔히 혼용하는 용어의 정의를 명확히 하고, 왜 간부와 용사가 서로 다른 꿈을 꾸는지, 그리고 그 간극을 메우기 위해 리더가 가져야 할 진정한 태도는 무엇인지 학문적·현장적 근거를 바탕으로 심층적으로 고찰해 보고자 합니다.

1. 우리가 부르는 이름에 담긴 철학: 병사, 장병, 전투원 그리고 '용사'

우리는 매일 부대라는 공간에서 부대원들을 부르기 위해 수많은 명칭을 사용합니다. 어떤 이는 계급으로, 어떤 이는 직책으로 그들을 지칭하곤 합니다. 하지만 리더가 사용하는 언어의 정의가 불분명하면, 그 언어에 담겨 있어야 할 리더십의 철학 또한 흔들리기 마련입니다. 우리가 무심코 내뱉는 한마디 명칭 속에는 상대를 바라보는 리더의 시선과 태도가 고스란히 녹아 있기 때문입니다.

우선 가장 흔히 쓰이는 '병사(兵士)'라는 말의 사전적 의미를 살펴보면, 군적에 등록된 부사관 아래의 군인을 뜻합니다. 행정 문서에서 가장 보편적으로 사용되어 온 용어지만, 이는 다분히 관리 대상으로서의 계급적인 측면이 강하게 투영되어 있습니다. 반면 '장병(將兵)'은 장교와 병사를 아울러 이르는 말로, '2024 국방백서'와 같은 공식 문서에서 군의 전체 구성원을 지칭할 때 사용되는 광범위한 통합의 용어라 할 수 있습니다.

조금 더 기능적인 관점에서 접근하면 '전투원(戰鬪員)'이라는 용어가 등장합니다. 국제법이나 교전 규칙에서 정의하는 이 용어는 계급과 상관없이 적대 행위에 직접 참여할 권리가 있는 자를 뜻합니다. 오직 전투 수행이라는 본질적인 목적에만 집중된 정의라고 볼 수 있습니다.

하지만 육군은 2010년대 중반부터 이들을 '용사(勇士)'라고 부르기를 권장해 왔습니다. 여기에는 용사 개개인을 존중하고, 그들이 주체적으로 군 복무에 임할 수 있도록 의지를 고취하겠다는 깊은 뜻이 담겨 있

지휘의 눈, 승리의 설계도

습니다. 용사란 단순히 용맹한 군인이라는 사전적 의미를 넘어, 우리 군의 가장 소중한 자산임을 인정하는 고백이기도 합니다.

나는 이 책에서 여러분과 함께할 부대원들을 부를 때 '용사'라는 단어를 일관되게 사용하고자 합니다. 이는 그들이 단순히 통제받고 관리되어야 할 '병사'가 아니라, 스스로의 잠재력을 실현하고자 하는 '실현 경향성'을 가진 고귀한 존재라고 믿기 때문입니다. 그들은 리더인 여러분의 명령을 기계적으로 수행하는 부속품이 아니라, 전장에서 승리라는 진정한 가치를 함께 만들어가는 인생의 소중한 동반자입니다. 여러분이 그들을 '용사'로 부르는 순간, 그들 역시 리더인 여러분을 진심으로 따르는 리더십의 마법이 시작될 것입니다.

2. 신성한 국방의 의무와 '거부'의 심리학

대한민국 헌법 제39조 제1항은 "모든 국민은 법률이 정하는 바에 의하여 국방의 의무를 진다"고 명시하고 있습니다. 또한 군인복무기본법은 군인의 사명을 '국가 보위와 자유 민주주의 수호'로 규정하며 그 신성함을 강조합니다. 그러나 국가가 부여한 이 '신성함'과 현장에서 용사들이 느끼는 '현실' 사이에는 거대한 심리적 단절이 존재합니다.

최근 한국국방연구원(KIDA)의 장병 가치관 조사나 관련 학술지에 따르면, MZ세대 용사들이 군 입대를 기피하는 이유는 과거처럼 단순한 육체적 고통 때문이 아닙니다. 이들은 '단절'과 '정체성 상실'을 가장 두려워합니다.

내가 현역 시절, 전역을 앞둔 수많은 용사들과 면담을 하며 얻은 결론은 매우 직관적이고 뼈아픈 것이었습니다. 그들은 입을 모아 이렇게 말했습니다.

"제가 하고 싶지 않은 것을, 원하지 않는 시간에, 원하지 않는 장소에서, 원하지 않는 사람과, 원하지 않는 방법으로 하는 것 자체가 싫습니다."

이는 인간중심상담의 관점에서 볼 때, 유기체가 자신의 삶을 스스로 통제하고 결정하려는 '자기결정권'이 완전히 박탈된 상태에서 오는 실존적 고통입니다. 초급 간부를 희망하는 여러분들은 이를 '철없는 투정'으로 치부할 것이 아니라, 용사들이 느끼는 이 근원적인 거부감을 인정하는 것에서부터 리더십을 시작해야 합니다.

3. 지휘권이라는 착각: 명령은 만능인가?

초급 간부들은 흔히 착각합니다. "내가 명령하면 용사들은 움직인다"고 말입니다. 하지만 그것은 외적인 '행동'의 굴복일 뿐, 내면의 '동기'까지 움직인 것은 아닙니다. 진성리더십의 관점에서 볼 때, 리더의 영향력은 직책 권한(Position Power)이 아닌 리더의 내면적 가치와 진정성에서 나옵니다.

간부는 용사를 어떤 시선으로 바라보고 있습니까? 혹시 "시키면 하

지휘의 눈, 승리의 설계도

는 존재", "사고만 안 치면 다행인 존재"로 정의하고 있지는 않습니까? 만약 간부가 용사를 '명령에 기계적으로 반응하는 객체'로만 본다면, 용사 또한 간부를 '나의 소중한 시간을 뺏는 감시자'로 정의할 뿐입니다. 이것이 바로 우리가 마주한 동상이몽의 실체입니다.

4. 픽션이 주는 해답: 우리가 닮아야 할 리더의 상

용사들이 진심으로 갈망하고 따르고 싶어 하는 간부의 모습은 과연 어떤 것일까요? 우리는 우리가 사랑하는 픽션과 논픽션의 작품 속 리더들의 대사를 통해 그 해답의 실마리를 찾을 수 있습니다.

첫 번째는 소통의 단절을 거부하는 용기입니다. 드라마 〈신병2〉에 등장하는 소대장은 용사들의 고충을 무시한 채 강압적인 지휘만을 일삼는 중대장을 향해 이렇게 일갈합니다. "제가 생각하는 군인은, 제가 생각하는 지휘관은… 적어도 제가 부리는 용사들이 무엇 때문에 힘들어하고 무엇 때문에 괴로워하는지 정도는 알아야 한다고 생각합니다. 만약 지금 중대장님처럼 눈과 귀를 닫고 계신 거라면, 저는 중대장님과 같은 지휘관은 되지 않겠습니다." 이 대사는 진성리더십의 핵심인 '관계적 투명성'과 '균형된 정보처리'가 무엇인지를 극명하게 보여 줍니다. 단순히 상급자의 눈치만 보는 것이 아니라, 현장의 목소리를 가감 없이 수용하고 자신의 신념을 지키는 정직한 태도야말로 용사들이 신뢰를 보내는 리더의 표상이라 할 수 있습니다.

두 번째는 솔선수범이 갖는 묵직한 무게입니다. 영화 〈위위 솔저스〉에서 멜 깁슨이 연기한 할 무어(Hal Moore) 중령은 베트남 전쟁 출정식에서 리더의 책임에 대해 잊지 못할 명대사를 남깁니다. "나는 여러분 모두를 무사히 집으로 데려다주겠다는 약속은 할 수 없다. 하지만 우리가 전투에 투입되었을 때, 내가 제일 먼저 전장에 발을 내딛고, 제일 나중에 전장을 떠날 것이며, 그 누구도 뒤에 남겨 두지 않겠다고 맹세한다." 이는 리더의 말과 행동이 하나로 맞물리는 '일치성(Congruence)'을 상징합니다. 위험의 가장 앞자리에 서서 부하와 운명을 함께하겠다는 리더를 볼 때, 용사들은 비로소 강요된 명령이 아닌 진심 어린 '마음'으로 그 뒤를 따르게 됩니다.

마지막으로 리더는 생존을 보장하는 전문성을 갖추어야 합니다. 최고의 전쟁 드라마로 꼽히는 〈밴드 오브 브라더스〉에서 중대원들이 그토록 혹독한 훈련과 위험을 무릅쓰고도 이지 중대에 남으려 했던 이유는 명확했습니다. "우리가 이지 중대에 있으려는 건, 서로를 믿기 때문이고 이 부대의 전투력이 가장 강해서 내 생존 가능성이 가장 높기 때문이다"라는 대사가 이를 증명합니다. 전쟁터에서 리더의 가장 큰 미덕은 인간적인 친절함 이전에 바로 '유능함'입니다. 우리가 처한 환경이 비록 힘들지라도 "이 간부와 함께라면 우리가 성장하고 안전할 수 있다"는 확신이 들 때, 용사들 내면의 실현경향성은 군 복무라는 제약 속에서도 찬란하게 발현될 수 있습니다.

5. 당신은 어떤 꿈을 꾸고 있는가?

초급 간부를 꿈꾸는 여러분. 여러분은 용사를 무엇으로 정의합니까? 그리고 여러분이 내리는 명령의 무게를 알고 있습니까?

용사는 '자신의 삶을 돌려받고 싶은 꿈'을 꾸고, 간부는 '부대를 무사히 관리하고 싶은 꿈'을 꾸는 이 평행선 같은 동상이몽 속에서, 우리는 어떻게 접점을 찾아야 할까요? 이해하려는 자세가 없으면 반응은 오만해지고, 공감하려는 노력이 없으면 명령은 공허해집니다.

과연 용사와 간부의 이 거대한 동상이몽을 메울 수 있는 것은 계급장일까요, 아니면 한 인간으로서의 진정성일까요?

그 해답과 판단은, 이제 막 리더의 길에 들어선 여러분의 몫으로 남겨 두겠습니다.

2장
아픈 사회가 보낸 신호
: 용사는 심리적·정서적으로 아프다

"치유는 기술이 아니라 관계에서 시작된다."

(칼 로저스)

    전투의 승패를 결정짓는 것은 최첨단 무기 체계 이전에 그 무기를 운용하는 '사람'입니다. 하지만 오늘날 우리 군이 마주한 '사람'들의 내면은 그 어느 때보다 위태롭습니다. 1장에서 용사와 간부의 동상이몽을 다뤘다면, 2장에서는 우리가 직면한 서글픈 현실을 직시하고자 합니다. 바로 우리 군을 구성하는 용사들이 이미 사회에서부터 심리적·정서적 상처를 안고 입대한다는 사실입니다. 간부가 되려는 여러분들은 이제 '관리'의 관점을 넘어 '치유와 공존'의 관점에서 용사를 바라보아야 합니다.

1. 병든 사회의 투영: 군으로 유입되는 시대적 아픔의 실체

우리는 흔히 군대를 사회와 완전히 격리된 독립적인 공간으로 착각하곤 하지만, 실상 군은 사회라는 거대한 바다 위에 떠 있는 섬과 같습니다. 바다의 수질이 오염되면 그 섬의 생태계 역시 무너질 수밖에 없듯이, 우리 사회의 병리적 현상은 고스란히 군 조직으로 전이됩니다. 최근의 통계 지표들은 우리 사회가 얼마나 깊은 내적 신음 소리를 내고 있는지 적나라하게 보여 주고 있습니다.

강다은 기자의 보도(2025. 3. 28., 조선일보)에 따르면, 대한민국 성인 중 우울감을 경험한 비율은 2018년 11.5%에서 불과 7년 만인 2025년, 49.9%로 무려 4배 이상 폭증했습니다. 특히 우려스러운 대목은 '차라리 죽었으면 좋겠다'거나 자해를 생각하는 고위험군 응답자가 2018년 4.6%에서 2025년 22.2%로 급증했다는 사실입니다. 이는 국민 5명 중 1명이 생의 벼랑 끝에 서 있다는 비극적인 신호입니다. 이러한 흐름은 청소년기에도 동일하게 나타납니다. 한국청소년정책연구원의 '2024 한국 청소년 통계'에 의하면, 중·고등학생 10명 중 4명 이상이 일상적인 스트레스를 호소하며, 약 28%는 최근 1년 내 우울감을 경험했습니다.

이러한 정서적 파산 상태는 입대 후 군 부적응이라는 결과로 이어집니다. 정충신 기자(2024. 10. 11., 문화일보)에 따르면 최근 5년간 정신건강 문제로 군을 떠난 인원이 10만 명에 육박한다는 사실은 더 이상 개인의 문제가 아님을 시사하는 보도입니다. 병무청의 판정을 통과해 입대했음에도 불구하고 현장에서 되돌려 보내지는 이 수많은 청년은, 결국 우리 군이 마주해야 할 '용사'의 실체가 이미 사회에서부터 깊이 아픈 상태였음을 증명합니다. 간부가 되려는 여러분 앞에 서 있는 용사들은 단순히 군기가 부족한 대상이 아니라, 아픈 사회 속에서 생존을 위해 고군분투하다 입대한 우리 시대의 아픈 자화상입니다.

2. 박제된 가치인가, 살아 있는 신념인가: 육군의 핵심 가치 재조명

육군은 세 가지 핵심 가치(위국헌신, 책임완수, 상호존중)를 지향하며, '정예강군 육성'을 네 번째 목표로 삼고 있습니다. 그러나 현장의 간부들이 이 가치들을 단지 육군본부 홈페이지나 생활관 벽면에 붙은 '박제된 표어'로만 여긴다면, 조직은 안으로부터 서서히 부패할 것입니다.

특히 '상호존중'은 정예강군을 만들기 위한 가장 기초적인 토양입니다. 상처 입은 용사들에게 리더의 진정성 있는 존중이 결여된다면, 위국헌신과 책임완수는 그저 강요된 희생이나 공허한 구호에 불과하게 됩니다. 리더십 전문가 워렌 베니스(Warren Bennis)는 "리더는 단순히 일을 처리하는 사람이 아니라, 그 일을 수행하는 사람들에게 존재의 의미를 부여하는 사람"이라고 강조했습니다. 간부가 용사에게 보여 주는 태도가 육군의 핵심 가치와 일치하지 않을 때, 그 가치는 생명력을 잃은 죽은 가치가 됩니다.

3. 진성리더십과 인간중심상담: '태도'가 잠재력을 해방시킨다

　그렇다면 리더는 어떻게 이 아픈 용사들을 움직여야 할까요? 용사들은 간부의 화려한 수사나 명령에 반응하기보다 리더의 '존재 자체'를 검증하려 듭니다. 윤정구 교수님의 진성리더십(Authentic Leadership)은 리더의 언행일치가 확인될 때 비로소 구성원이 마음을 연다고 가르칩니다. 용사들은 간부를 '어항 속의 물고기'처럼 지켜보며, 리더가 내세우는 상호존중이 위기 상황이나 아주 사소한 일상에서 어떻게 발현되는지 끊임없이 관찰합니다. 리더가 자신의 취약함을 인정하고 진실한 모습으로 다가갈 때, 즉 리더의 정체성이 용사들에게 검증될 때 비로소 자발적인 협업이 시작되는 것입니다.

　이는 칼 로저스의 인간중심상담 원리와 맥을 같이 합니다. 로저스는 상담의 성공이 기술이 아닌 상담자의 '태도'에 달려 있다고 보았습니다. 리더가 보여 주는 진실성(Congruence), 무조건적 긍정적 존중(Unconditional Positive Regard), 그리고 공감적 이해(Empathic Understanding)가 그것입니다. 여기서 중요한 학문적 포인트는, 리더가 이러한 태도를 지니는 것에서 그치지 않고 '용사가 리더의 이러한 태도를 지각하고 신뢰하게 될 때' 비로소 변화가 시작된다는 점입니다. 용사가 "저 간부는 진심으로 나를 소중한 인격체로 대하고 있구나"라고 느끼는 순간, 그들의 내면에 억눌려 있던 실현경향성이 깨어나고 군 복무에 대한 태도가 변화하게 됩니다.

4. 검증의 창: 용사가 바라보는 리더의 거울

용사들이 간부를 검증한다는 사실은 리더에게는 두려움이자 동시에 기회입니다. 진성리더십의 네 기둥 중 하나인 '관계적 투명성'은 리더가 정보를 독점하거나 권위 뒤에 숨지 않고, 자신의 의사결정 과정과 가치를 투명하게 공개하는 것을 의미합니다. 용사들은 리더의 투명함을 통해 리더의 진정성을 확인합니다.

만약 리더가 앞에서는 인권을 외치고 뒤에서는 용사들을 수단화한다면, 용사들은 그 리더를 향해 마음의 셔터를 내려 버릴 것입니다. 반면, 리더가 비록 완벽하지 않더라도 자신의 한계를 인정하고 진심으로 용사들의 아픔에 귀를 기울인다면, 용사들은 그 리더를 위해 자신의 몫 이상을 해내려 노력할 것입니다. 리더는 끊임없이 검증받는 존재임을 인식하는 것, 그것이 바로 '어항 속의 물고기'로 살아가는 간부의 숙명이자 리더십의 출발점입니다.

5. 현장의 증언: 사관후보생들의 이중고와 '종합 1위'의 비결

나는 2024년 교관으로서 '우수 실천 사례'를 기고하며 중요한 사실을 목격했습니다. 장교가 되겠다고 모인 3~4학년 사관후보생들조차 사회적 질병에서 자유롭지 않았습니다. 취업 준비를 하는 지인들을 보며 느끼는 불안감, 임관 후 야전이라는 미지의 세계에 대한 두려움 등 그들은 이중고를 겪고 있었습니다.

나는 그들과 '관계 맺기'부터 시작했습니다. 단순히 군사 지식을 주입하는 것이 아니라, 그들이 느끼는 두려움에 공감하고 무조건적인 지지를 보냈습니다. 63기 후보생들과 인간중심적 태도로 소통했을 때, 그들은 스스로 목표를 세우고 움직이기 시작했습니다. 그 결과, 전국 108개 학군단 중 군사훈련 '종합 1위'라는 쾌거를 달성할 수 있었습니다. 이는 통제가 만든 결과가 아니라, 리더의 태도가 후보생들의 잠재력을 '해방'시킨 결과였습니다. '전국 1위 달성의 이유는 다 있다'는 나의 기고문 제목처럼, 그 비결은 바로 '사람에 대한 진정성'에 있었습니다.

6. 픽션이 투영하는 현실: 어항 속의 물고기, 간부의 태도

드라마 〈신병〉의 에피소드 중에는 간부의 사소한 태도 하나가 용사들에게 얼마나 큰 영향을 미치는지를 보여주는 장면들이 많습니다. 간부가 용사를 '귀찮은 존재'로 여기며 대충 얼버무릴 때, 용사들은 즉각적으로 마음의 문을 닫고 최소한의 의무만을 수행하는 '수동적 존재'로 전락합니다.

3사관학교 교육 과정에서 들었던 '간부는 어항 속의 물고기다'라는 비유는 시대를 관통하는 명언입니다. 용사들은 간부의 뒷모습을 보고 배웁니다. 간부가 육군의 핵심 가치를 몸소 실천하는지, 아니면 그저 진급을 위한 도구로 자신들을 이용하는지 그들은 본능적으로 알아차립니다.

7. 리더의 길, 치유의 길

미래의 간부를 꿈꾸는 여러분, 여러분은 지금 어떤 준비를 하고 있습니까? 병력관리는 단순히 사고를 막는 기술이 아닙니다. 그것은 아픈 영혼들이 모인 군대라는 공간에서 그들을 보듬고, 다시금 삶의 의미를 찾게 해 주는 고도의 심리적·철학적 과정입니다.

병들어 가는 사회가 우리에게 보낸 이 아픈 용사들을 여러분은 어떤 시선으로 바라보겠습니까? 육군의 목표와 핵심 가치가 여러분의 어깨 위에서만 빛나는 훈장이 될 것인지, 아니면 용사들의 가슴속에서 타오르는 촛불이 될 것인지는 여러분의 '태도'에 달려 있습니다.

여러분은 어떤 방법으로 죽어 있는 가치관을 살아 숨 쉬게 하겠습니까? 그 고민의 깊이가 곧 여러분 리더십의 크기가 될 것입니다.

지휘의 눈, 승리의 설계도

3장
병영문화의 주체는 '용사'다
: 대물림되는 악습의 고리를 끊는 가족 체계적 처방

"전통은 잿더미를 숭배하는 것이 아니라, 불꽃을 전달하는 것이다."

(구스타프 말러)

군대라는 조직은 단순히 임무 수행을 위해 모인 집단이 아닙니다. 24시간을 함께 먹고 자며 정서적 에너지를 공유하는 그곳은, 심리학적으로 볼 때 하나의 거대한 '가족 체계'의 연장선에 있습니다. 흔히 지휘관을 아버지로, 주임원사나 행정보급관을 어머니로 비유하는 군대의 관습적 표현은 군 조직이 가진 정서적 유기체로서의 특성을 정확히 꿰뚫고 있습니다. 하지만 이 가족 같은 결속력이 역기능적으로 작동할 때, 병영 내에서는 '전통'이라는 이름의 악습과 가혹행위가 세대를 이어 대물림됩니다. 3장에서는 병영문화의 진정한 주체인 '용사'들이 어떻게 스스로 이 대물림의 고리를 끊고 긍정적인 변화를 이끌어 낼 수 있는지, 가족치료 이론을 통해 그 메커니즘과 해결 방안을 심도 있게 분석하고자 합니다.

1. 병영문화 혁신의 변곡점: 사건으로 본 병영의 실상

대한민국 군의 병영문화 혁신은 항상 뼈아픈 희생 뒤에 찾아왔습니다. 2005년 제28보병사단 GP 사건과 육군훈련소 인분 사건은 우리 군에 '문화적 차원'의 병영문화를 처음 대두시킨 계기가 되었습니다. 이후 2014년 제22보병사단 총기 난사 사건과 제28보병사단 윤 일병 사건은 병영 내 따돌림과 집단 괴롭힘이 얼마나 참혹한 결과를 초래하는지 전 국민에게 각인시켰습니다.

최근에는 12사단 훈련병 사망 사건을 통해 규정을 어긴 가혹한 군기 훈련이 여전히 잔존하고 있음이 드러났으며, 이는 리더십과 부적절한 훈육 체계가 빚어낸 비극이었습니다. 이러한 사건들은 병영문화가 단순히 시설을 개선하거나 급식을 좋게 만드는 물리적 환경의 문제를 넘어, 구성원 간의 '관계적 역동'과 '정서적 흐름'을 바로잡아야 하는 본질적인 과제임을 시사합니다.

2. 병영 부조리의 메커니즘: 대물림되는 불안의 사슬

우리는 흔히 "왜 시대가 변해도 군대 내 악습과 가혹행위는 완전히 사라지지 않고 반복될까?"라는 의문을 갖게 됩니다. 이를 설명하는 가장 강력한 열쇠 중 하나가 바로 보웬(Bowen)의 가족체계 이론 중 '다세대 전수과정(Multigenerational Transmission Process)'입니다. 가족

지휘의 눈, 승리의 설계도

안에서 해결되지 못한 감정적 패턴이 자녀 세대로 대물림되듯, 군대라는 특수한 환경에서도 선임병이 겪었던 부조리와 억압은 후임병에게 고스란히 투사되는 경향이 있습니다.

이 과정에서 가장 먼저 나타나는 현상은 '불안의 전염'입니다. 부대 내에 만성적인 불안이나 압박감이 고조될 때, 사람들은 본능적으로 그 불안을 해소하기 위해 집단 내부에서 누군가를 '희생양'으로 삼으려는 '삼각화(Triangulation)' 현상을 보입니다. 즉, 선임병들이 느끼는 군 복무의 중압감과 내면의 불안이 가장 약한 후임병에게 전이되면서, 그것이 가혹행위라는 비정상적인 형태로 안착하게 되는 것입니다.

나아가 부대 전체의 불안 수준이 임계치를 넘어서면 조직은 '사회적 퇴행' 상태에 빠지게 됩니다. 합리적인 규정이나 지적인 원칙보다는 순간적인 감정 반응에 따라 의사결정을 내리게 되는 것입니다. 이때 조직은 매우 낮은 수준으로 기능하며, 무책임한 비난과 보복이 난무하게 됩니다. "나도 당했으니 너도 당해 봐야 한다"는 식의 보복성 악습은 바로 이러한 퇴행적 흐름이 만들어 낸 서글픈 결과물이라 할 수 있습니다.

3. 용사, 병영문화의 주체로서 잠재력을 깨우다

그렇다면 이 뿌리 깊은 고리를 어떻게 끊어 낼 수 있을까요? 병영문화를 진정으로 움직이는 힘은 지휘관의 강압적인 지시나 명령에서 나오지 않습니다. 그 변화의 열쇠는 병영 생활의 진짜 주역인 용사들 스스로가 쥐고 있습니다. 로저스가 강조한 '실현경향성'에 따르면, 인간은 누구나 본능적으로 더 나은 방향으로 성장하고 완성을 향해 나아가려는 에너지를 품고 있습니다. 용사들 내면에는 이미 비합리적인 악습을 거부하고, 건강한 공동체를 만들고자 하는 거대한 잠재력이 존재하고 있는 것입니다.

용사들이 주체가 되어 병영문화를 자율적으로 개선하기 위해서는 보웬이 제시한 '자기분화(Differentiation of Self)' 수준을 높이는 노력이 필요합니다.

우선 감정과 사고를 분리할 수 있어야 합니다. 선임병의 부당한 강요나 주변의 억압적인 분위기에 휩쓸려 즉각적으로 반응하는 '감정 반사 행동'에서 벗어나야 합니다. 대신, 무엇이 진정으로 옳고 그른지 이성적으로 판단하고 행동할 수 있는 내면의 힘을 길러야 합니다.

여기에 더해 '나-입장(I-Position)'을 취하는 용기가 필요합니다. 주변의 눈치를 보며 동조하는 것이 아니라, "나는 더 이상 이 부조리에 가담하지 않겠다"라고 명확하고 침착하게 자신의 원칙을 선언하는 것입니다. 비록 시작은 한 명의 용사일지라도, 그가 보여 주는 분화된 태도와 확고한 입장은 부대 전체 시스템을 긍정적인 방향으로 도약시키는 강력한 트리거가 됩니다. 리더인 여러분의 역할은 바로 이러한 용사들의 주체적 변화를 믿고, 그들이 목소리를 낼 수 있는 안전한 환경을 조성해 주는 것입니다.

4. 간부의 역할: 끊어 낼 수 있는 '안전한 제방'을 만드는 자

간부를 꿈꾸는 이들은 병영문화의 메커니즘을 명확히 이해해야 합니다. 단순히 사고를 감추거나 억압하는 것은 임시방편일 뿐입니다. 진정한 리더는 용사들이 스스로 악습의 고리를 끊을 수 있도록 '축적의 공간'과 '제방'의 역할을 해 주어야 합니다.

간부는 부대 내 만성불안을 낮추는 '코치'가 되어야 합니다. 정서적으로 중립을 유지하면서, 사실(Fact)에 기반한 균형된 정보처리를 통해 용사들이 자신의 목소리를 낼 수 있는 '관계적 투명성'의 환경을 조성해야 합니다. 리더가 높은 분화 수준을 유지하며 용사들을 무조건적으로 존중할 때, 용사들은 비로소 안전감을 느끼며 자신의 실현경향성을 발현하게 됩니다.

5. 여러분의 태도가 새로운 전통이 됩니다

병영문화는 지켜지는 것이 아니라 만들어 가는 것입니다. 과거로부터 전수된 부정적인 패턴은 지독할 정도로 강력하지만, 그것을 끊어 내는 것 또한 인간의 의지입니다. 용사들이 병영의 주인이 되어 "우리 부대에는 더 이상 이런 일이 없다"는 자부심을 가질 때, 비로소 정예강군의 기틀이 마련됩니다.

간부가 되려는 여러분, 여러분은 어항 속 붕고기처럼 용사들에게 여러분의 가치관과 태도를 검증받게 될 것입니다. 여러분은 대물림되는 악습의 방관자가 되겠습니까, 아니면 용사들이 스스로 변화의 주역이 되도록 돕는 조력자가 되겠습니까?

용사와 간부가 서로의 개별성을 존중하고 진정성 있게 소통하는 그곳에서, 병영은 격리된 공간이 아닌 '의미 있는 성장'의 공간으로 탈바꿈할 것입니다. 병영문화의 미래는 이제 여러분과 용사들이 함께 꾸는 꿈에 달려 있습니다.

지휘의 눈, 승리의 설계도

4장
잠든 동기를 깨우는 리더의 마법
: 군 생활을 '성장 체험'으로 디자인하라

.

"인간은 호의적인 여건만 조성된다면,

스스로를 완성하려는 선천적인 에너지를 발휘하는 존재이다."

(칼 로저스)

인간중심상담의 창시자 칼 로저스는 인간에게는 누구나 자신을 유지하고 향상시키려는 선천적인 경향성인 '실현경향성'이 있다고 믿었습니다. 하지만 로저스는 동시에 이 실현경향성을 구속하는 것을 개인이 속한 '환경'에 있다고 역설했습니다. 인간은 호의적인 여건이 조성되지 않는다면 성장이 가로막히는 존재이기 때문입니다. 군대라는 특수한 환경 속에 있는 용사들도 마찬가지입니다. 그들 안에는 이미 성장하고 완성되려는 에너지가 충만하지만, 군 조직의 폐쇄성과 강제성은 종종 이 동기의 흐름을 차단합니다. 간부를 희망하는 여러분의 핵심적인 임무는 용사들의 동기 발현을 막는 장애물을 제거하고, 그들이 군 생활을 통해 '성장 체험'을 할 수 있는 최적의 환경을 조성하는 것입니다.

1. 동기에 대한 이론적 접근: 무엇이 용사를 움직이는가

동기란 인간 행동의 방향과 강도, 그리고 그 행동을 얼마나 지속할지를 결정하는 강력한 심리적 힘입니다. 군이라는 특수한 환경에서 용사들의 동기를 제대로 이해하기 위해서는 현대 심리학이 제시하는 주요 이론들을 살펴볼 필요가 있습니다.

우선 데시와 라이언(Deci&Ryan)의 '자기결정성 이론'에 주목해야 합니다. 인간에게는 유능성, 자율성, 관계성이라는 세 가지 기본 심리적 욕구가 존재합니다. 군대에서도 용사들이 스스로 일의 방식을 선택할 수 있는 '직무 자율성'이 보장될 때, 외부의 강요나 보상 없이도 스스로 움직이는 내재적 동기가 극대화됩니다.

여기에 더해 개인의 성장을 위해 도전적인 과업을 완수하려는 '성취 동기'가 중요합니다. 용사들이 자신의 한계를 시험하고 이를 극복하는 과정에서 느끼는 유능감은 군 생활 전체의 질을 결정짓는 핵심 요소가 됩니다. 또한, 국가와 사회를 위해 헌신하고자 하는 이타적 마음인 '공공봉사동기'를 잊어서는 안 됩니다. 자신이 수행하는 작은 임무가 국가 안보라는 숭고한 가치와 맞닿아 있음을 깨달을 때, 용사의 가슴은 비로소 뛰기 시작합니다.

지휘의 눈, 승리의 설계도

2. 군대에서 용사의 동기를 가로막는 장애물들

안타깝게도 현재의 군대 환경은 종종 용사들이 가진 성장의 에너지를 억압하곤 합니다. 가장 큰 벽은 통제 위주의 환경입니다. 비자발적인 징집과 폐쇄적인 구조 속에서 "내가 원하지 않는 일을 강제로 해야 한다"는 인식은 자율성을 심각하게 훼손하며 동기 발현을 가로막습니다.

또한 보웬이 지적했듯, 조직 내에 흐르는 만성적인 불안은 용사들을 감정적으로 융합시켜 서로를 비난하게 만듭니다. 이런 부정적인 정서 에너지가 가득한 곳에서는 창조적인 동기가 설 자리를 잃게 됩니다. 마지막으로 많은 간부가 흔히 범하는 실수가 포상 휴가나 돈과 같은 외재적 보상(간접동기)에만 의존하는 것입니다. 많은 연구자료에서 이러한 보상 위주의 방식이 결코 지속적인 힘을 발휘하지 못한다고 경고합니다. 보상이 목적이 되는 순간, 임무의 본질적인 가치는 사라지기 때문입니다.

3. 직접동기의 핵심: '목적'과 '성장 체험'의 공진화

윤정구 교수님은 저서 '황금수도꼭지'에서 동기에 대한 통찰력 있는 비유를 제시합니다. 삶을 하나의 '과일나무'라고 한다면, 뿌리는 '삶의 목적', 줄기는 '과정', 그리고 열매는 '성과'와 같습니다. 목적지를 아는 배는 표류하지 않지만, 목적을 잃는 순간 인간은 부차적인 저세술이나 단순한 직무 수행에 매몰되고 맙니다.

여기에서 우리가 주목해야 할 단어는 바로 '성장 체험'입니다. 직접동기란 곧 성장 체험이며, 목적을 달성하는 과정에서 느끼는 성장의 기쁨만이 진정한 동기를 구성합니다. 용사들이 인센티브 때문이 아니라 임무의 '의미'를 찾고 스스로 열의를 가질 때 진정한 변화가 일어납니다. 단순히 즐겁기만 한 분위기는 용사들을 어린아이로 만들 뿐입니다. 반드시 확고한 '목적 유지'가 함께해야 하며, 목적을 향해 나아가며 스스로 성장하고 있음을 느끼는 깊은 즐거움이 동력원이 되어야 합니다.

4. 군대에서 용사에게 줄 수 있는 '성장 체험'의 실체

군대는 단순히 아까운 시간을 보내는 곳이 아닙니다. 이곳은 새로운 나를 발견하는 일종의 '사회적 실험실'이 될 수 있습니다.

용사들은 군이라는 공동체 안에서 다양한 배경과 가치관을 가진 또래들과 만나 관계를 맺습니다. 이들과 협업하고 갈등을 해결하는 과정 자체가 거대한 자산입니다. "나도 타인에게 도움을 줄 수 있구나", "나에게 이런 리더십이 있었구나"라는 깨달음은 잃어버렸던 자신감을 회복하는 소중한 성장 체험이 됩니다. 또한, 진성리더십의 관점에서 군 복무의 사명을 자신의 삶과 연결하여 내재화할 때, 군 생활은 억지로 버티는 시간이 아니라 나를 단련하는 '품성 교육의 장'으로 전환됩니다.

5. 간부의 임무: 장애물을 치우고 환경을 조성하라

간부를 희망하는 여러분이 해야 할 일은 용사들을 지시와 명령으로 억지로 끌고 가는 것이 아닙니다. 여러분의 진짜 사명은 그들의 앞길을 가로막는 동기 차단 요소를 제거하는 것입니다. 부대 내의 만성적인 불안을 낮추고, 불필요한 조직 정치나 소통 비용을 줄여야 합니다.

동시에 진정한 임파워먼트(Empowerment)를 실천하십시오. 이는 단순히 권한을 넘겨주는 것이 아니라, 용사들이 자신의 업무에 스스로 목적을 개입시켜 최선의 방식을 찾아가도록 믿고 맡기는 것입니다. 용사들은 리더의 언행이 일치하는지, 그 사명이 진실한지 마치 어항 속 물고기를 보듯 끊임없이 검증합니다. 여러분이 먼저 진정성 있는 모습을 보일 때, 용사들은 비로소 리더를 신뢰하고 자신의 잠재력을 해방합니다.

하버드의 로버트 키건(Robert Kegan) 교수가 지적했듯, 성과를 내지 못하는 조직은 약점을 감추고 강점을 부풀리는 '조직 정치'에 에너지를 낭비합니다. 우리 군이 단기적인 성과 중심주의에 매몰되어 소중한 가치를 잃어버리지 않도록, 여러분은 현장에서 용사들의 '성장 체험'을 돕는 든든한 스파링 파트너가 되어 주어야 합니다. 목적과 연동된 성장 체험은 용사의 가슴을 뛰게 만듭니다. 그들의 동기를 가로막는 장애물을 제거하는 것, 그것이 바로 진성리더인 여러분의 첫 번째 사명입니다.

5장
'나와 너'의 만남이 만드는 무형의 전투력
: 신뢰와 관계의 본질적 가치

"모든 참된 삶은 만남이다"

(마틴 부버)

지난 장들에서 우리는 병영문화의 주체로서 용사의 실현경향성을 살펴보고, 가족치료 이론을 통해 대물림되는 악습의 고리를 어떻게 끊어 낼 것인가를 논의했습니다. 1부의 대단원을 장식할 5장에서는 그모든 논의를 하나로 꿰뚫는 핵심 키워드, 즉 '신뢰와 관계'가 어떻게 군의 무형 전투력으로 승화되는지 심층적으로 다루고자 합니다.

간부를 희망하는 여러분에게 부대란 단순히 임무를 수행하는 작업장이 아닙니다. 그곳은 인간과 인간이 만나 서로의 생명을 맡기는 '운명 공동체'입니다. 마틴 부버와 칼 로저스의 철학, 할로우 박사의 애착 실험, 그리고 영화 〈고지전〉의 사례를 통해 왜 관계가 실력에 앞선 선제적 조건인지를 구체적으로 살펴보겠습니다.

지휘의 눈, 승리의 설계도

1. 관계의 철학적 토대
: '나-그것'의 도구화에서 '나-너'의 인격적 만남으로

　우리가 군대에서 흔히 범하는 오류 중 하나는 용사들을 '병력'이라는 수치나 '관리 대상'이라는 객체로 바라보는 것입니다. 마틴 부버 (Martin Buber)는 그의 저서 '나와 너'에서 인간의 관계를 두 가지로 엄격히 구분했습니다.

　첫째는 '나-그것(I-It)'의 관계입니다. 이는 상대를 나의 목적을 달성하기 위한 도구나 이용 가치가 있는 물건으로 대하는 관계입니다. 군에서 간부가 용사를 단순히 "사고만 안 치면 되는 대상", "작업에 동원할 인력"으로만 여긴다면, 그것은 전형적인 '나-그것'의 관계에 머무는 것입니다. 이런 관계 속에서 용사들은 소외감을 느끼고, 자신의 잠재력을 발휘할 동기를 잃어버립니다.

　둘째는 '나-너(I-Thou)'의 관계입니다. 이는 상대의 온전한 인격과 마주하며, 그 존재 자체를 존중하는 관계입니다. 이미정(2011)의 연구인 '마틴 부버의 '나-너' 관계와 칼 로저스의 치료적 관계의 비교연구'에 따르면, 칼 로저스의 인간중심 상담에서 말하는 심리치료의 효과는 기법이 아니라 바로 이 '나-너'의 관계에 있다고 분석합니다. 상담자가 내담자를 '그것'이라는 대상이 아닌 '너'라는 동등한 인격체로 만날 때, 내담자는 비로소 '나'로서 바로 서게 됩니다.

　군대도 마찬가지입니다. 간부가 용사를 '실현경향성'을 가진 주체로 믿고, 그들의 목소리에 공감하며, 무조건적인 존중을 보낼 때 비로소 진정한 만남이 이루어집니다. 이러한 인격적 신뢰가 형성될 때, 용사들은 지시받은 일 이상의 헌신을 보여 주게 됩니다. 이것이 바로 눈에 보이지 않는 무형 전투력의 시작입니다.

2. 치유의 존재론: 할로우의 애착 실험과 '안정된 리더'의 힘

우리가 신뢰와 관계를 강조하는 이유는 단순히 분위기를 좋게 만들기 위함이 아닙니다. 그것은 상처받은 영혼을 치유하고 강인한 용사로 재탄생시키는 유일한 길이기 때문입니다. 심리학자 해리 할로우(Harry Harlow)의 유명한 애착 실험은 우리에게 매우 중요한 시사점을 제공합니다.

할로우 박사는 일부러 위기 상황을 만들어 새끼 원숭이들에게 정서적 상처와 트라우마를 주었습니다. 이후 이 상처받은 원숭이들을 치료하기 위해 박사가 선택한 방법은 약물이나 물리적 처치가 아니었습니다. 바로 '정서적으로 안정된 원숭이'를 트라우마가 있는 원숭이 옆에 두는 것이었습니다. 놀랍게도 상처 입은 원숭이는 안정된 개체 옆에서 서서히 변화하기 시작했습니다. 안정된 개체의 평온함과 수용적인 태도가 트라우마 원숭이의 정서를 자연스럽게 안정시킨 것입니다.

이 실험은 어린 시절 공감받지 못하고 자란 사람도 호의적인 환경과 인격적인 관계를 통해 치유될 수 있다는 거대한 희망을 보여 줍니다. 인간중심상담의 관점에서 보면, 안정된 리더는 그 존재 자체로 용사들의 성장을 가로막는 환경적 장애물을 제거해 주는 역할을 합니다. 진성리더십의 입장에서 볼 때, 여러분이 사명을 내재화하고 정서적으로 단단하게 서 있다면, 여러분은 부대 내에서 '안정된 원숭이'와 같은 치유적 존재가 됩니다.

간부를 희망하는 여러분이 스스로를 연마하여 안정된 인격체가 되어 용사들 곁에 있어 줄 때, 용사들은 비로소 안전감을 느끼며 자기를 탐색하고 잠재되어 있던 동기를 발현합니다. 치유된 용사가 비로소 진정한 전투력을 가진 전사로 거듭나는 것입니다.

3. 신뢰가 빚어낸 극한의 전투력: 영화 '고지전'의 '악어중대' 분석

영화 〈고지전〉은 1953년 휴전 협정 직전, 한 뼘의 땅을 더 차지하기 위해 하루에도 몇 번씩 주인이 바뀌는 '애록고지'를 배경으로 합니다. 이곳의 주역인 '악어중대'는 겉으로 보기에는 체계도 없고 군기마저 문란해 보이지만, 결정적인 순간 그들이 보여 주는 전투력은 상상을 초월합니다. 그 답은 '과정'에서의 철저한 신뢰와 관계에 있습니다.

첫 번째 사례로 적의 강한 기관총 사격으로 부대가 전진하지 못하는 상황에서 중대장은 30m 전방의 적 특화점을 직접 제압하기로 결심합니다. 그는 중대원들에게 단호하게 말합니다. "내가 전력으로 뛴다. 누구든 수류탄을 짧게 던지면 내가 죽는다." 이 한마디에는 중대원의 실력에 대한 절대적 신뢰와 자신의 목숨을 맡기겠다는 리더의 의지가 담거 있습니다. 중대원들은 중대장의 진행 방향에 정확히 수류탄을 던져 연막과 차폐 공간을 만들어 냈고, 중대장은 그 찰나를 이용해 적을 섬멸합니다. 만약 평소에 이들 사이에 '나-그것'의 관계만 있었다면, 중대원들은 실수할까 봐 두려워했을 것이고 중대장은 자기 목숨을 중대원들의 손에 맡기지 못했을 것입니다.

다른 사례는 소대장이 인민군 복장으로 적진에 침투해 적을 기만하다 정체가 탄로 나는 순간, 그는 머리 뒤의 엄지손가락을 내리는 수신호를 보낸 뒤 즉시 엎드립니다. 그 짧은 순간, 소대원들은 단 한 명의 망설임 없이 소대장의 머리 위로 일제 사격을 퍼붓습니다. 이는 서로가 서로의 행동을 완벽하게 예측하고 신뢰할 때만 가능한 '무형의 전투력'입니다.

4. 신뢰의 부재가 초래한 비극: 실패한 작전의 교훈

반면, 관계와 신뢰가 무너진 조직은 아무리 강력한 무기를 가졌어도 무너집니다. 최근 우리 사회를 안타깝게 했던 12사단 훈련병 사망 사건은 신뢰가 부재한 훈육이 어떻게 '폭력'으로 변질되는지를 보여 주는 뼈아픈 근거입니다.

간부가 용사를 하나의 인격체(너)로 보지 않고, 단지 통제하고 굴복시켜야 할 대상(그것)으로 보았을 때, 훈련병의 신체적 이상 신호는 '엄살'로 치부되었습니다. 유성애(2010)의 '도덕경에 나타난 인간중심상담원리'에 따르면, "리더의 요구와 욕구가 과해지면 협업자들은 위축되고 조직은 조화를 잃는다"고 했습니다. 신뢰가 없는 상태에서의 명령은 공포에 의한 복종만을 낳으며, 이는 위기 상황에서 반드시 붕괴하게 되어 있습니다.

5. 자기수용에서 시작되는 타인 수용: 리더의 내면 다지기

용사와 '나-너'의 관계를 맺기 위해 간부에게 가장 먼저 필요한 것은 '자기수용(Self-Acceptance)'입니다. 박성원(2025)의 연구 '자기수용 척도 개발을 위한 이론적 개념 형성과 확장'에서는 칼 로저스의 이론을 인용하며, 자신을 있는 그대로 수용하지 못하는 사람은 타인 또한 조건 없이 수용할 수 없다고 경고합니다.

리더가 자신의 약점과 부정적인 경험을 통합하여 스스로를 사랑할 수 있을 때(Amor Fati), 비로소 용사들의 실수와 부족함도 품어 줄 수 있는 여유가 생깁니다. 오신택(2015)의 연구처럼 키에르케고어(Kierkegaard)가 말했듯, 불안과 절망 속에서도 신 앞에 선 단독자로서 자신의 본질을 마주하는 과정은 리더가 갖춰야 할 철학적 무게감을 더해 줍니다. "나는 어떤 리더가 되고 싶은가?"라는 질문에 스스로 답할 수 있는 리더만이 용사들에게 신뢰의 손을 내밀 수 있습니다.

6. 간부를 꿈꾸는 여러분에게 전하는 마지막 당부

이제 1부의 모든 내용을 정리하며 여러분께 몇 가지 실천적인 제언을 드립니다.

첫째, 자신의 경쟁력을 먼저 키우십시오. 신뢰는 리더의 탁월한 실력 위에서 피어납니다. 전술을 모르고 사격을 못 하는 리더의 인격적 대우는 '착한 사람'은 될 수 있어도 '지휘관'은 될 수 없습니다. 여러분의 전문성은 관계를 지탱하는 뿌리입니다.

둘째, '나-너'의 관계를 일상에서 훈련하십시오. 임관 전, 지금 여러분 곁에 있는 가족, 친구, 동기들을 온전한 인격체로 대하는 연습을 하십시오. 주변 사람들을 수단으로 대하는 습관은 임무 현장에서도 그대로 나타납니다. 모든 만남을 '영원한 너'를 마주하는 시간으로 여기십시오.

셋째, 목적을 공유하고 '안정된 존재'가 되십시오. 여러분은 용사들에게 단순히 명령하는 사람이 아니라, 그들이 성장 체험을 할 수 있도록 돕는 조력자입니다. 할로우의 실험 속 안정된 원숭이처럼, 여러분이 정서적으로 단단하게 서 있을 때 용사들은 여러분을 믿고 사지로 뛰어들 준비를 마칠 것입니다.

지휘의 눈, 승리의 설계도

7. 사람을 남기는 군인이 진정한 승자입니다

1부의 1장부터 5장까지 우리는 병영문화의 혁신이 왜 용사들로부터 시작되어야 하며, 그것을 가능하게 하는 토대가 리더의 진정성과 관계에 있음을 살펴보았습니다.

여러분이 현장에서 만날 용사는 '그것'이 아니라 '너'입니다. 그들과의 만남 속에서 서로가 성장하는 '직접 동기'를 경험하십시오. 목적지를 아는 배는 표류하지 않습니다. 여러분의 군 생활 목적이 단순히 진급에 있지 않고 '사람을 살리고 키우는 것'에 있다면, 여러분은 어떠한 시련 속에서도 길을 잃지 않을 것입니다.

여러분의 진실한 관계가 곧 육군의 무적 전설을 만드는 기초석이 될 것입니다. 그 위대한 여정을 시작하는 여러분을 응원합니다.

2부

임무:
승리를 위한 실전적 훈련과
지휘의 예술력

 1부에서 우리가 군의 핵심인 '사람'과 그들 사이의 '관계'라는 정서적 토대를 닦았다면, 2부에서는 그 토대 위에서 수행해야 할 본질적인 과업인 '임무'를 입체적으로 조명하고자 합니다. 군인의 임무는 평면적이지 않습니다. 그것은 승리를 위한 치열한 훈련인 동시에, 아픈 시대를 살아가는 용사들을 보듬는 세심한 경영이며, 수많은 행정적 요소를 조율하는 행정의 예술이기도 합니다.

 이번 2부의 서문에서는 임무를 세 가지 차원(전투임무, 병력관리, 부대관리)으로 그룹화하고, 이를 유건재 교수님의 '뜻밖의 한국'에서 제시한 '모순(Paradox) 경영'의 관점으로도 보고자 합니다. 군대는 규율과 자율, 전통과 혁신, 그리고 '빨리빨리'와 '은근과 끈기'가 공존하는 모순의 집약체이기 때문입니다.

1. 첫 번째 임무: 상급부대 작전 기여와 실전적 전투준비

군인의 첫 번째 존재 이유는 적과 싸워 이기는 것입니다. 이는 개인 및 부대 임무 숙달, 극한의 체력 단련, 진지 구축 및 장애물 관리, 장비와 물자의 완벽한 기능 발휘를 포괄합니다. 여기서 가장 중요한 원칙은 '내 임무의 성패가 상급부대 작전 전체의 성패를 결정짓는다'는 인식입니다.

역사적 근거로 6·25 전쟁 당시 춘천지구 전투를 들 수 있습니다. 당시 제6사단장 김종오 장군과 장병들은 상급부대의 작전 의도를 정확히 이해하고, 적의 공격 방향을 예측하여 사전에 철저한 진지 공사와 훈련을 마쳤습니다. 이들의 선제적인 준비와 지연전은 북한군의 남침 속도를 늦추었고, 결국 북한군이 세웠던 '3일 내 서울 점령 및 조기 종전'이라는 전략적 계획을 수정하게 만든 결정적 계기가 되었습니다.

하지만 오늘날 야전은 어떻습니까? '했다 치고'식의 형식적 훈련과 적이 없는 공허한 움직임은 용사들의 신뢰를 떨어뜨립니다. 우리는 과학화 전투훈련(KCTC)의 데이터를 통해 확인했듯, 적의 위협을 실질적으로 체감할 때 비로소 자기효능감이 발현된다는 사실을 잊지 말아야 합니다. 실전과 같은 땀방울만이 전장에서의 피 한 방울을 대신할 수 있습니다.

2. 두 번째 임무: 최악을 가정한 시나리오 기반의 맞춤형 병력관리

두 번째 임무는 병력관리입니다. 이는 단순히 의식주를 제공하는 수준을 넘어, 용사 개개인의 성향과 배경을 고려한 '개별화된 관리'를 의미합니다. 군은 본질적으로 '최악의 상황을 상정'하는 조직입니다. 작전 계획이 적의 가장 위협적인 행동을 전제로 수립되듯, 병력관리 또한 사고 가능성을 최악의 시나리오로 상정하고 이를 예방하는 데 집중해야 합니다.

이는 용사들을 부정적으로 보는 것이 아니라, '관심의 구체화'를 의미합니다. 예를 들어, 입대 전 음주를 즐기고 운전 경험이 있는 용사라면 휴가 전 '음주운전 예방'에 가중치를 둔 맞춤형 교육을 실시해야 합니다. 또한, 이성 관계에서 집착 증세를 보이거나 부대 내에서 강압적인 태도가 식별된 용사라면 '데이트 폭력 예방'에 집중한 훈육이 필요합니다.

이러한 세심한 관리는 1부에서 강조한 로저스의 '공감적 이해'와 연결됩니다. 리더가 용사의 삶을 깊이 들여다보고 그들의 특성에 맞는 시나리오를 준비할 때, 용사들은 자신이 방치되지 않고 보호받고 있다는 안전감을 느끼게 됩니다.

지휘의 눈, 승리의 설계도

3. 세 번째 임무: 부대관리와 보고의 철칙, '모순'을 넘어서는 행정

마지막 임무는 방대한 부대관리입니다. 청소와 정리정돈부터 각종 작업, 명절 프로그램 수립, 정신전력 교육 등 행정적 요소가 산재해 있습니다. 이 복잡한 업무를 관통하는 핵심은 '소통과 보고'입니다. 모든 임무는 최초보고, 중간보고, 최종보고라는 3단계 철칙 속에서 이루어져야 합니다.

예를 들어 설 연휴 부대 운영 계획을 수립한다면, 리더는 단순히 전년도 계획을 답습하는 것이 아니라 다양한 욕구, 의도, 지침들을 확인해야 합니다.

- 상급부대의 지침: 부대 안정과 전투력을 위해 무엇이 강조되고 있는가?
- 지휘관의 의도: 상급부대 지침에 대한 지휘관의 강조사항은 무엇인가?
- 용사의 욕구: 무엇을 하며 쉬고 싶은가?

이러한 다양하면서 상충될 수 있는 것들을 조율하는 과정이 바로 행정의 묘미이자 리더의 역량입니다.

4. '뜻밖의 한국': 군 리더십의 '모순 경영' 적용

유건재 교수님의 저서 '뜻밖의 한국'에서 제시하는 '모순 경영'의 원리는 군이라는 특수한 조직을 이끌어야 할 여러분에게 매우 소중한 지표가 됩니다. 한국인 특유의 DNA에는 서로 부딪히는 가치들을 조화롭게 수용하고 활용하는 힘이 깃들어 있는데, 이는 복잡한 현대전의 리더십 현장에서도 고스란히 적용됩니다.

우선 우리 군은 속도와 내실이라는 모순을 지혜롭게 다루어야 합니다. 군대는 적보다 빠르게 움직이고 임무를 완수해야 하는 '빨리빨리'의 속도전이 일상인 곳입니다. 하지만 그 속도 이면에는 '은근과 끈기'라는 내실이 반드시 뒷받침되어야 합니다. 수천 번 반복되는 훈련과 견고한 진지 구축은 결코 서두른다고 완성되지 않기 때문입니다. 방향성이 결여된 속도는 결국 부대를 표류하게 만들지만, 명확한 목적지를 향한 속도는 조직을 승리로 이끄는 혁신의 원동력이 됩니다.

또한 군은 개방성과 폐쇄성의 공존이라는 독특한 상황에 놓여 있습니다. 국가 안보를 위해 보안이라는 엄격한 폐쇄성을 유지해야 함과 동시에, MZ세대 용사들의 보편적 정서와 가치를 수용하는 개방적인 병영 문화를 만들어 가야 합니다. 스마트폰 사용이나 자율적인 소통 문화가 보안과 충돌하는 것처럼 보일지라도, 이 양극단의 가치를 유연하게 조율하여 조화로운 지점을 찾아내는 것이 현대 군 리더의 역량입니다.

마지막으로 자율과 책임의 양면성을 이해해야 합니다. 우리가 추구하는 임무형 지휘는 부하에게 과감하게 자율성을 부여하지만, 동시에

지휘의 눈, 승리의 설계도

그 결과에 대해서는 엄중한 책임을 묻는 엄격함을 내포하고 있습니다. 자율이 방종이 되지 않고 책임이 억압이 되지 않도록 그 경계를 타는 것이 바로 지휘의 예술입니다.

간부를 희망하는 여러분은 이러한 모순적 상황을 마주할 때 당황하기보다, 이를 균형 있게 유지하는 감각을 길러야 합니다. 지휘관의 의도와 목적을 명확히 이해하고, 그 틀 안에서 용사들이 자력으로 움직일 수 있는 자율의 공간을 넓혀 주는 것, 그것이 바로 승리하는 군대를 만드는 '모순 경영'의 핵심입니다.

2부의 서문을 마치며 여러분께 제안합니다. 임무는 고통스러운 짐이 아니라, 리더로서 여러분의 역량을 증명하고 용사들과 함께 성장할 수 있는 '기회'입니다. 앞으로 이어질 글에서는 러시아-우크라이나 전쟁의 교훈부터 과학화 전투훈련의 실전 적용까지, 구체적인 사례를 통해 여러분을 '싸워 이기는 법을 아는, 계획수립의 방향성을 아는 초급 간부'로 안내할 것입니다.

훈련장에서 흘리는 땀방울과 영화 속 주인공처럼 신념을 가진 행동이 모든 용사들의 생명을 지키는 가장 고귀한 가치임을 잊지 마십시오. 이제, 승리를 향한 임무 수행의 길로 함께 나아갑시다.

6장
현대전의 투명한 전장
: 러시아·우크라이나 전쟁이 초급 간부에게 던지는 생존의 화두

"모든 대형 사고(1)의 배후에는 반드시 그보다 덜 심각한 수많은 사고(29) 와, 사고로 이어질 뻔한 아찔한 순간(300)들이 존재한다. 우리가 주목해야 할 것은 이미 터진 '1'의 비극이 아니라, 그 아래에 숨겨진 '300'의 징후다."

(허버트 윌리엄 하인리히, 하인리히 법칙 1:29:300)

군인의 임무는 시대의 흐름을 읽는 안목에서 시작됩니다. 특히 2부의 문을 여는 6장에서는 4년 넘게 이어지고 있는 러시아-우크라이나 전쟁(이하 러·우 전쟁)을 통해 변화된 현대전의 양상을 고찰하고자 합니다. 미래 육군의 주역이 될 여러분, 전쟁은 이제 영화나 교범 속의 정지된 화면이 아닙니다. 지금 이 순간에도 전장은 인공지능(AI), 드론, 그리고 처절한 생존 본능이 교차하며 과거의 상식을 파괴하는 '기술적 특이점'을 향해 달려가고 있습니다.

1. 러·우 전쟁의 개요와 '알고리즘 전쟁'의 도래

2022년 2월 러시아의 침공으로 시작된 러·우 전쟁은 재래식 화력전과 최첨단 기술전이 결합된 하이브리드 전쟁의 전형을 보여 줍니다. 김영성(2025)의 연구에 따르면, 러시아는 정보 판단의 안일함과 대규모 작전 계획의 오류로 단기 종전에 실패한 반면, 우크라이나는 서방의 정보 자산과 민간 기술을 결합하여 끈질기게 버텨 내고 있습니다.

이 전쟁의 가장 큰 특징은 '투명한 전장'입니다. 저궤도 위성과 드론이 전장 전체를 24시간 감시하며, 수집된 빅데이터를 AI가 분석하여 타격 지점을 실시간으로 제안합니다. 이강경(2025)은 이를 '기술적 특이점의 발현'이라고 정의했습니다. 이제 전장에서 '우연'이나 '안개'는 사라지고, 적의 센서망에 노출되는 즉시 파괴되는 초정밀 타격의 시대, 즉 '알고리즘 전쟁'이 현실이 된 것입니다.

2. 보이지 않는 위협: 열상 장비와 위장의 재해석

현대전은 이제 '숨바꼭질'의 난이도가 극한에 달했습니다. 과거에는 풀숲에 몸을 숨기고 위장망만 잘 덮으면 안전하다고 믿었지만, 러·우 전쟁의 전훈은 그 상식을 뒤엎습니다. 최근 전투 사례를 보면, 적의 고성능 적외선 감시 장비는 용사가 방금 배설한 소변의 온도 범위를 감지하여 정확한 위치를 찾아냅니다.

개인이 아무리 완벽하게 위장했더라도 신체에서 뿜어져 나오는 열기를 제어하지 못하면, 불과 몇 분 뒤 자폭 드론이 머리 위로 떨어지는 참혹한 결과로 이어집니다. 부대 위장 역시 마찬가지입니다. 텐트 하나, 차량 한 대가 내뿜는 열기는 밤하늘의 별처럼 선명하게 적의 모니터에 찍힙니다.

이러한 상황에서 여러분은 단순히 "위장해라"라고 명령하는 초급 간부가 되어서는 안 됩니다. 우리 군이 도입 예정인 전력화 장비의 적외선 차폐 연막통의 원리를 이해하고, 적의 열상 장비를 기만할 수 있는 '열적 차폐' 전략을 짤 줄 알아야 합니다. 다족형 보행 로봇이나 정찰 드론을 활용해 아군이 노출되기 전 적을 먼저 찾아내는 유능함이 필요합니다. 용사들은 자신들을 사지(死地)로 내몰지 않는, '적보다 유능한 간부'를 원합니다.

3. 역사적 반면교사: 이순신 장군의 전술적 유능성과 '난중일기'의 교훈

우리는 시대를 앞서간 리더인 이순신 장군에게서 현대전의 답을 찾을 수 있습니다. 영화 〈명량〉이나 〈한산〉에서 묘사되듯, 장군은 단순히 용맹한 것이 아니라 당시 누구보다 전술적으로 유능한 '전문가'였습니다.

'난중일기'를 보면 장군은 전투 전날 밤에도 부하들과 함께 술잔을 기울이며 끊임없이 전술을 토의했습니다. "어떻게 하면 우리 판옥선의

지휘의 눈, 승리의 설계도

복원력을 이용해 적의 안택선을 들이받을 것인가?", "울돌목의 물살이 바뀌는 정확한 시간은 언제인가?"를 치열하게 계산했습니다. 이것이 바로 현대의 데이터 기반 전술입니다.

이순신 장군은 거북선이라는 당시의 '하이테크' 무기를 창안하고, '학익진'이라는 창의적인 진법을 구사했습니다. 이는 현재 우리가 추구해야 할 임무필수과업(METL) 중심의 과학적 훈련과 정확히 일치합니다. 장군은 훈련만 시킨 것이 아니라, 전술 토의를 통해 부하들이 작전 의도를 100% 이해하게 했고, 회식을 통해 '나-너'의 신뢰 관계를 형성했습니다. 여러분도 이순신 장군처럼 드론의 비행 시간과 적의 사각지대를 데이터로 꿰뚫고, 용사들과 마음으로 소통하는 '유능한 리더'가 되어야 합니다.

4. 한반도 안보와 초급 간부의 역할: DIME과 국방혁신 4.0

박영준(2025)의 연구는 러·우 전쟁이 한반도에 주는 함의를 국력 요소(DIME: 외교, 정보, 군사, 경제) 중심으로 설명합니다. 그중 여러분과 직결되는 것은 군사(Military)와 정보(Information)입니다.

북한의 무인기 위협에 대응하여 우리 군은 유탄발사 드론, 소총 조준사격 드론, 근거리 정찰 드론 등을 빠르게 전력화 장비로 보급하려고 합니다. 이제 초급 간부가 될 여러분은 조종기를 잡고, AI가 분석해 준 정보를 상급부대에 실시간으로 전파하는 역할을 수행해야 합니다.

김진우(2024)의 연구처럼 AI 무기 체계가 확산되면 판단의 속도가 전쟁의 승패를 결정합니다. "잠시만요, 확인해 보겠습니다"라는 대답은 실전에서 부대의 전멸을 의미할 수 있습니다. 여러분은 AI 의사결정 보조 도구를 숙달하여 적보다 1초라도 빨리 판단하고 타격할 수 있는 능력을 갖춰야 합니다. 이것이 국방혁신 4.0이 요구하는 정예 초급 간부의 모습입니다.

5. 초급 간부 여러분을 위한 제언
: 유연한 창의성을 가진 '현장의 마에스트로'

러·우 전쟁은 우리에게 '준비되지 않은 리더는 부하를 죽음으로 몰아넣는다'는 평범하고도 무거운 진리를 보여 줍니다. 간부를 희망하는 여러분이 갖춰야 할 태도는 세 가지로 요약됩니다.

첫째, 용사를 압도하는 '실력'입니다. 여러분이 운용할 드론과 로봇은 단순한 기계가 아니라 여러분의 '분신'입니다. 기계적 숙달을 넘어 전술적으로 응용하는 능력에서 용사들을 압도하십시오. 리더가 유능할 때 부하들은 비로소 안심하고 임무에 몰두합니다.

둘째, 최악을 상정하는 '시나리오'입니다. 적의 전자전 공격으로 드론이 먹통이 되었을 때, 혹은 적외선 장비에 위치가 노출되었을 때 어떻게 기동할 것인지 끊임없이 '생각하는 훈련'을 하십시오. 이순신 장군이 전술 토의를 통해 변수를 차단했듯, 여러분도 머릿속으로 수천 번의 전투를 치러야 합니다.

셋째, 인격적 신뢰를 바탕으로 한 '공감'입니다. 할로우의 실험에서 안정된 원숭이가 친구를 치유했듯, 여러분이 전술적으로 유능하고 정서적으로 단단할 때 용사들은 여러분을 믿고 사지로 뛰어들 준비를 마칩니다. 리더의 진정성은 전장의 공포를 이겨내는 가장 강력한 무기입니다.

2부 첫 시작을 마치며 강조합니다. 현대전은 기술의 전쟁인 동시에 그 기술을 다루는 '인간 의지'와 '창의성'의 전쟁입니다. 훈련장에서 흘리는 땀방울과 영화 속 주인공처럼 확고한 신념에 기반한 행동이 여러분과 모든 용사들의 생명을 지키는 가장 고귀한 가치임을 잊지 마십시오.

여러분이 쥔 드론 조종기와 전술 지도가 대한민국 육군의 승리를 결정짓는 열쇠가 될 것입니다.

7장
완벽한 '준비'는 사람을 아는 것에서 시작된다
: 이순신 장군의 인재 경영과 적재적소의 미학

"준비에 실패하는 것은 실패를 준비하는 것이다."

(벤자민 프랭클린)

초급 간부로서 현장에 부임하면 가장 먼저 마주하는 현실은 교범 속의 장밋빛 미래가 아닙니다. 교범은 언제나 병력, 장비, 물자가 100% 완벽한 상태를 가정하지만, 실제 야전은 항상 부족한 가운데 목표를 성취해야 하는 숙명의 장소입니다. 편제 대비 병력은 늘 부족하고, 휴가나 파견 등으로 자리를 비운 인원들 때문에 당장 내일의 훈련조차 막막할 때가 많습니다. 그렇다면 리더에게 '임무를 알고 준비한다'는 것은 과연 무엇을 의미할까요? 그것은 단순히 장부상의 숫자를 맞추는 것이 아니라, 내가 가진 자산의 현재 상태를 냉철하게 파악하고, 그 공백을 메울 수 있는 인간 중심의 시스템을 설계하는 과정입니다.

임무 수행을 위한 장비와 물자가 완벽하게 기능을 발휘해야 한다는 원칙에는 결코 타협이 있어서는 안 됩니다. 특히 임무의 공백을 최소화하기 위해 사수와 부사수가 동시에 자리를 비우는 일이 없도록 세심하게 일정을 관리해야 하며, 어쩔 수 없는 상황이라면 철저한 임무 인수인계를 확인해야 합니다. 이러한 절차는 리더 혼자만의 결심이 아니라, 평소 용사들과의 진솔한 대화를 통해 하나의 '부대 룰(Rule)'로 정착시켜야 합니다. 전투준비태세의 중요성을 용사들이 피부로 느끼게 하고, 소대의 모든 화기와 장비를 전원이 다룰 수 있도록 '전원 사수화'를 목표로 삼아야 합니다. 교육훈련 시간엔 사수가 교관이 되어 부사수를 가르치는 '또래 교수법'을 활용해 보십시오. 기관총, 유탄발사기, 통신장비 등 소대의 핵심 장비를 누구나 다룰 수 있을 때, 부대는 비로소 사수의 부재에도 흔들리지 않는 완벽한 임무 수행 능력을 갖추게 됩니다.

1. 역사적 증명
: 이순신 장군의 억강부약(抑强扶弱)적 인재 배치와 데이터 준비

영화 〈한산, 용의 출현〉에서 이순신 장군이 학익진 작전을 구상하며 종이 위에 장수들의 이름을 적고 그들의 장단점을 치밀하게 분석하는 장면은 리더의 준비가 어떠해야 하는지 극명하게 보여 줍니다. 장군은 단순히 지도를 그리는 것이 아니라, 각 장수의 성향이라는 '소프트웨어'를 지형이라는 '하드웨어'에 어떻게 탑재할지 고민한 것입니다.

이순신 장군은 먼저 강점을 극대화하는 방식으로 어영담을 배치했습니다. 학익진의 성패는 좁은 견내량에 숨은 적을 넓은 한산도 바다로 끌어낼 유인책에 달려 있었습니다. 이는 목숨을 거는 가장 위험한 임무였기에, 장군은 누구보다 물길을 잘 아는 베테랑이 필요했습니다. 장군은 어영담이 나이가 많아 체력이 부족할 수 있다는 약점에 주목하지 않았습니다. 대신 그가 여수와 통영 인근의 물길을 독보적으로 꿰뚫고 있다는 노련함과 경험이라는 강점에 주목했습니다. 리더는 용사들의 단점 뒤에 숨겨진 대체 불가능한 강점을 발견하고, 그 강점이 십분 발휘될 수 있는 자리를 찾아 주어야 합니다. 어영담에게 단순히 "가서 싸워라"가 아니라 "이 물길을 아는 사람은 당신뿐이다"라는 명분을 주었을 때, 그의 자존감과 자기 효능감은 극대화되며 이는 곧 불가능을 가능케 하는 동기가 되었습니다.

또한 나대용의 사례를 통해 기술적 한계를 보완하는 치밀한 준비성을 보여 주었습니다. 거북선 제작자인 나대용이 기술적 결함으로 인해 출전을 망설일 때, 이순신 장군은 냉철하게 핵심적인 약점을 지적했습니다. "문제는 충파 후 도선을 허용하는 것과 포 발사 후의 지체 시간이다"라며 문제를 명확히 짚어 낸 것입니다. 하지만 장군은 단순히 비난하는 데 그치지 않고 이를 해결할 충분한 기회와 시간을 부여했습니다. 무기체계든 용사의 능력이든 치명적인 단점을 직시하고 실질적인 보완책을 마련하는 과정 자체가 리더가 수행해야 할 가장 핵심적인 준비 작업임을 보여 주는 대목입니다.

무엇보다 '난중일기'에 기록된 준비의 빈도는 우리에게 큰 울림을 줍

지휘의 눈, 승리의 설계도

니다. 장군의 준비는 단순히 머릿속 작전 수립에만 머물지 않았습니다. 일기를 분석해 보면 전술 토의와 훈련, 그리고 회식의 빈도가 놀라울 정도로 높게 나타납니다. 장군은 전투가 없는 날에도 거의 매일 장수들과 함께 작전계획을 가다듬었습니다. 또한, 고된 훈련 뒤에는 함께 술잔을 기울이는 회식 자리를 마련하여 '나-너'의 인격적 신뢰를 쌓았습니다. 이처럼 평시에 축적된 신뢰와 소통이 있었기에, 영화 〈노량〉에서 묘사된 처절한 백병전 속에서도 조선 수군은 단 한 명의 이탈 없이 끝까지 항전할 수 있었던 것입니다.

2. 현대적 증명: 델타포스의 집요함과 훈련의 완결성

준비의 중요성은 현대의 특수작전에서도 여실히 드러납니다. 2026년 미국이 베네수엘라 대통령 부부를 검거하기 위해 투입했던 델타포스의 사례는 '준비'라는 측면에서 경이로운 수준을 보여 줍니다. 그들은 목표 지점과 똑같은 세트장을 만들어 수천 번의 모의 훈련을 반복했습니다. 문을 여는 각도, 복도를 지나는 초 단위의 시간까지 몸이 기억하게 만들었습니다. 이러한 준비가 있었기에 변수가 가득한 실전에서 그들은 기계처럼 정확하게 임무를 완수할 수 있었습니다.

이것은 단순히 무의미한 '반복'이 아니라 깊은 수준의 '성장 체험'입니다. 지독한 훈련을 통해 자신의 한계를 극복하고 장비를 완벽히 통제하게 되는 경험은, 용사들에게 "우리는 반드시 이길 수 있다"는 강력한 내재적 동기를 부여합니다. 윤정구 교수님의 '황금수도꼭지'에서 언급된 '직접 동기'가 바로 이런 전문성의 숙달 과정에서 발현되는 것입니다.

3. 개인적 경험의 증명: 밀입국 100% 완결작전의 비결

대대 작전과장으로 임무를 수행하던 시절, 인접 연대(현 여단)에서 발생한 '밀입국 100% 완결작전'은 나에게 평생 잊지 못할 교훈을 남겼습니다. 당시 그 부대는 해안으로 밀입국한 자들을 한 명의 놓침 없이 모두 검거하는 완벽한 성과를 거두었습니다.

이 경이로운 결과의 이면에는 '우연'이 아닌 '철저한 준비'가 있었습니다. 공교롭게도 밀입국 사건이 발생하기 몇 주 전, 해당 장소는 연대의 전술훈련평가가 있었습니다. 연대는 훈련을 앞두고 민·관·군·경 통합훈련을 수차례 실시했으며, 지휘관부터 말단 용사까지 해당 지형을 샅샅이 뒤지며 지형정찰을 마친 상태였습니다.

어느 바위 뒤가 사각지대인지, 어느 골목으로 도주할 가능성이 높은지 모든 정보가 공유되어 있었습니다. 훈련을 위해 준비했던 그 '땀방울'이 실제 상황이 닥쳤을 때 '완벽한 결과'로 치환된 것입니다. 이 경험은 나에게 확신을 주었습니다. 실전과 똑같은 상황을 가정하고 준비된 조직에게 전장은 더 이상 두려운 곳이 아니라, 이미 알고 있는 길을 걷는 것과 같습니다.

4. 간부를 희망하는 여러분을 위한 준비의 메커니즘

준비된 리더는 용사들의 움직임이 한눈에 보여야 합니다. 이를 위해 여러분은 먼저 시간대별 행동절차를 표준화하고 용사들과 동일한 절차 방식을 보유해야 합니다. 한 번 제대로 만들어진 행동절차는 부대의 소중한 자산이 되기에, 분대장들과 함께 위게임을 진행하며 "특정한 상황에서 우리는 어떻게 움직일 것인가?"를 치열하게 토의하는 과정이 반드시 필요합니다. 계획된 준비는 계속해서 활용할 수 있는 강력한 무기가 됩니다.

또한 임무형 지휘와 권한 위임의 원칙을 현장에 적용해야 합니다. 이순신 장군이 어영담에게 물길을 전적으로 맡겼듯이, 여러분도 분대장들이 자기 분대를 스스로 통제하고 교육할 수 있는 여건을 만들어 주어야 합니다. 리더가 모든 것을 통제하려 하기보다는 분대장들의 주도성을 인정해 주고 그들이 자신의 팀을 이끌게 할 때 부대의 전투력은 배가됩니다. 진정한 신뢰는 방임이 아니라, 철저한 '용사들의 능력 파악'과 '준비 상태 확인' 뒤에 이루어지는 전략적 권한 위임에서 시작됩니다.

마지막으로 불가능을 가능케 하는 '적재적소'의 인재 배치를 실천해야 합니다. 용사들 개개인의 성향과 특성을 세밀하게 파악하여 그들이 가장 잘 수행할 수 있는 임무에 배치하십시오. 적재적소의 배치가 이루어질 때 부대의 전투력 향상은 물론, 용사들이 군 생활을 통해 가치 있는 성장 경험을 얻게 될 것입니다.

5. 준비된 리더만이 용사를 성장시킨다

임무를 알고 준비한다는 것은 결국 용사를 사랑하는 마음의 다른 표현입니다. 내가 게으르면 내 부하가 피를 흘린다는 절박함, 내가 용사들을 모르면 작전이 실패한다는 경각심이 리더를 움직여야 합니다.

이순신 장군이 종이 위에 써 내려갔던 그 치열한 고뇌의 흔적들, 델타포스의 지독한 반복 훈련, 그리고 해안가에서 땀 흘리며 지형을 익혔던 인접 연대원의 모습들. 이 모든 것의 공통점은 '준비된 자만이 전장을 지배한다'는 것입니다.

여러분이 부임할 부대에서 용사들 개개인의 강점을 발견하고, 그들이 가장 빛날 수 있는 자리를 준비하십시오. 여러분의 유능함과 준비성이 용사들에게는 '안전한 제방'이 되어 줄 것입니다. 그 제방 안에서 용사들은 자신감을 회복하고, 군 생활을 통해 진정한 '성장 체험'을 하게 될 것입니다. 완벽한 준비를 통해 승리를 쟁취하고 사람을 얻는, 이 시대의 진정한 리더가 되기를 소망합니다.

8장
관리의 주인이 되는 법
: 1인칭의 삶으로 일궈내는 부대관리와 협업의 예술

"아는 것만으로는 부족하다. 적용해야 한다.

의지만으로는 부족하다. 실천해야 한다."

(괴테)

부대관리라는 단어를 들으면 많은 이들이 가장 먼저 부대 시설물 보수나 단순한 청소, 제조 작업과 같은 소모적인 일들을 떠올리곤 합니다. 그러나 우리가 생각해야 할 부대관리의 본질은 훨씬 더 깊고 입체적입니다. 부대관리는 단순히 건물을 유지하고 환경을 개선하는 기술적 영역을 넘어, 리더가 조직을 대하는 '책임의식'과 '주체성'이 어떻게 발현되는지를 보여주는 거울과 같습니다. 무엇보다 부대관리는 나 혼자만의 고군분투가 아니라, 용사들과 함께 호흡하며 만들어가는 '협업의 예술'입니다. 8장에서는 3인칭의 관찰자가 아닌 1인칭의 주인공으로서 부대를 관리한다는 것의 의미를 살피고, 그것이 어떻게 군의 무형 전투력과 연결되는지 논해보고자 합니다.

1. 3인칭의 율법에서 1인칭의 복음으로: 주체적 리더십의 시작

우리는 흔히 삶을 대하는 태도를 1인칭과 3인칭으로 구분할 수 있습니다. 3인칭의 삶은 누군가 만들어 놓은 규칙과 스토리를 수동적으로 따르는 삶입니다. 기독교 역사에서 보자면, 이는 오직 규율과 금기에만 매몰된 '율법주의'와 닮아 있습니다. 반면 1인칭의 삶은 스스로가 자기 삶의 주인이 되어 고유한 스토리를 써 내려가는 삶입니다. 이는 규율 너머의 본질과 사랑을 실천하는 '복음의 정신'과 연결됩니다.

간부를 희망하는 여러분에게 묻고 싶습니다. 여러분은 군 생활을 타인이 규정한 3인칭의 스토리를 재연하는 시간으로 채우겠습니까, 아니면 나의 의지가 담긴 1인칭의 기록으로 채우겠습니까? 부대관리는 바로 이 선택에서 시작됩니다. 시설물이 고장 난 것을 보고 "누군가 조치하겠지"라고 생각하는 것은 3인칭의 시선입니다. 하지만 "내가 해결해야 할 나의 일"이라고 느끼는 순간, 여러분은 1인칭 리더로 거듭납니다. 부대의 모든 구석이 내 손길을 기다리는 나의 공간이라는 인식, 그것이 바로 책임의식의 근원입니다.

2. 시설물 관리의 철학: 식별보다 중요한 것은 '조치'다

부대 시설물 기능 발휘의 핵심은 단순히 문제를 찾아내는 '식별'이 아니라, 끝까지 해결해 내는 '조치'에 있습니다. 우리 주변을 보십시오. 보통 24평 이상의 아파트에는 화장실이 두 개가 있습니다. 만약 한 곳의 변기가 고장 났다고 가정해 봅시다. 다른 화장실이 하나 더 있으니 그냥 방치하는 집이 있을까요? 절대 그렇지 않습니다. 내 집이라면 불편함을 느끼는 즉시 수리 기사를 부르거나 직접 도구를 들 것입니다.

그런데 우리는 흔히 '군대는 나의 가족'이라고 말하면서도, 부대 시설물이 고장 났을 때는 내 집만큼의 절박함을 보이지 않을 때가 많습니다. 이는 사고의 틀이 아직 3인칭에 머물러 있기 때문입니다. 리더는 출근 시와 퇴근 전, 반드시 담당 구역의 청소 상태와 시설물의 기능 발휘 상태를 직접 확인해야 합니다. 시스템은 이미 갖춰져 있습니다. 용사들이 아침 점호 후와 저녁 점호 전에 담당구역 청소를 하며 상황을 파악합니다. 여러분은 보고를 받으면 됩니다. 하지만 시스템이 '작동'하게 만드는 것은 리더의 관심입니다.

문제를 식별했다면 담당자에게 정확히 전달하고, 수리가 완료될 때까지 추적 확인하며, 그 진행 과정을 용사들과 공유하십시오. 용사들도 자신이 머무는 공간이 리더의 관심 속에 변화하고 있다는 것을 알게 될 때, 그들 역시 관찰자가 아닌 1인칭의 주인이 되어 부대를 아끼기 시작합니다.

유튜브 영상(https://www.youtube.com/watch?v=1G_Hm-he4ao)을 보면 아들이 퇴근하는 아버지를 말없이 꼭 안아주는 장면이 나옵니다. 처음에는 어색하고 서툴지 몰라도, 그 작은 '행동'이 결국 차가웠던 공기를 녹이고 관계를 변화시킵니다. 부대관리도 마찬가지입니다. 여러분이 마중물이 되어 먼저 움직일 때, 부대라는 펌프에서 시원한 변화의 지하수가 쏟아져 나올 것입니다.

3. 위험예지교육과 경험의 힘: 현장감 있는 안전 관리

군대에는 계절별, 작업별, 장소별로 수많은 위험 요소가 산재해 있습니다. 이를 예방하기 위한 위험예지교육은 형식적인 낭독이 아니라 철저한 현장 확인에서 시작되어야 합니다. 예를 들어, 내일 사격 훈련이 계획되어 있는데 오늘 갑자기 눈이 오고 기온이 영하로 떨어진다고 가정해 봅시다. 사격장으로 향하는 계단은 빙판이 될 것이고, 사선 처마에는 거대한 고드름이 얼어붙을 것입니다.

이때 리더는 부소대장이나 분대장에게 단순히 "조심하라"고 말하는 대신, 현장을 직접 확인하도록 구체적인 임무를 주어야 합니다. 만약 본인이 초급 간부라 경험이 부족하다면, 주저하지 말고 선임 간부나 경험 많은 동료에게 물어보십시오. 그들의 조언을 근거로 제설 작업의 필요성, 고드름 제거, 염화칼슘 투척 등의 세부 과업을 부여하십시오.

훈련 당일에는 사격 우수자를 안전통제관으로 편성하여 위험 지역을 안내하게 하거나, 미리 현장에 투입하여 안전 요소를 점검하게 하는 등 창의적인 인원 배치가 필요합니다. 출발 전에는 대화식으로 주의 사항을 확인하고, 뜨거운 목소리로 안전 구호를 외치며 현장감 있는 교육을 실시하십시오. 앞서 언급한 영상 속 아들처럼, 어색함을 무릅쓰고 먼저 다가가 행동하는 용기가 부대의 안전을 지킵니다. 주체적인 책임감만 있다면 작업 도구부터 인원 편성까지 모든 것을 장악할 수 있습니다.

4. 말벌을 잡는 일벌의 협업: 혼자 가면 지치고 함께 가면 멀리 간다

부대관리는 결코 혼자서 할 수 없습니다. 자연계의 흥미로운 사례인 '말벌을 잡는 일벌의 협업'을 보십시오. 강력한 포식자인 장수말벌이 꿀벌의 벌집을 공격해 올 때, 일벌들은 한 마리씩 맞서 싸우지 않습니다. 그들은 수백 마리가 한꺼번에 말벌을 에워싸 거대한 공 모양의 '열구(Heat Ball)'를 만듭니다. 그리고 날개 근육을 진동시켜 내부 온도를 46도 이상으로 높입니다. 꿀벌은 견딜 수 있지만 말벌은 버티지 못하는 임계 온도를 이용해 침입자를 제압하는 것입니다.

이것이 바로 협업의 무서움입니다. 혼자서 모든 것을 해결하려는 초급 간부는 얼마 못 가 지치게 됩니다. 전투에서도 자신의 화력만으로 싸우는 것은 자살행위입니다. 상급부대의 자산을 얼마나 적극적으로 끌어오는지, 인접 부대와 정보를 실시간으로 공유하여 경계의 사각지대를 없애는지에 부대의 생존이 달려 있습니다. "빨리 가려면 혼자 가고, 멀리 가려면 함께 가라"는 아프리카 속담처럼, 동료와 용사들을 여러분의 1인칭 스토리에 동참시키십시오.

5. 계획 수립의 정석: 보고의 철칙과 소통의 미학

군에서는 수많은 계획서가 하달되고 수립됩니다. 특히 부대 운영 프로그램이나 행사를 맡게 되었을 때 리더가 범하기 쉬운 실수는 두 가지입니다. 첫째는 용사들의 요구만 듣거나 반대로 상급자의 의도만 반영하는 것입니다. 진정한 계획은 용사들의 욕구, 지휘관의 의도, 그리고 상급부대의 지침이라는 세 가지 축이 조화를 이룰 때 완성됩니다.

둘째는 보고 체계의 소홀입니다. 업무의 완결성을 높이는 마법의 주문은 최초보고, 중간보고, 최종보고입니다. 임무를 준 상급자와 자주 대면하고 대화하십시오. 방향성이 틀어졌을 때 조기에 수정하는 것이 시간을 헛되이 보내지 않는 가장 빠른 길입니다. 리더가 상급자와 긴밀히 소통하는 모습을 보일 때, 용사들도 자연스럽게 보고의 중요성을 배우게 됩니다. 일의 진행 과정을 투명하게 공유하는 것은 불필요한 스트레스를 줄이고 조직의 신뢰를 배가시키는 핵심적인 부대관리 기술입니다.

지휘의 눈, 승리의 설계도

6. 실패를 대하는 태도: 독일의 자복과 일본의 은폐

부대관리를 하다 보면 문제는 반드시 발생하기 마련입니다. 중요한 것은 '그 문제를 어떻게 바라보느냐'입니다. 우리는 잘못을 대하는 태도의 모범과 경계를 독일과 일본의 역사적 사례에서 찾습니다. 독일은 2차 세계대전의 과오에 대해 빌리 브란트 총리가 무릎을 꿇은 것처럼 끊임없이 자복하고 용서를 구하며, 잘못을 역사적 교훈으로 남겼습니다. 반면 일본은 사실을 숨기고 교육하지 않는 길을 선택했습니다.

부대 내에서 발생한 과오나 기능 발휘의 문제를 숨기는 것은 '일본식 대응'입니다. 이는 결국 조직을 썩게 만듭니다. 반면 문제를 투명하게 공개하고 해결책을 모색하는 '독일식 대응'은 조직을 더욱 단단하게 만듭니다. 잘못을 비난의 대상이 아닌, 시스템의 '기능 발휘 문제'로 보십시오. 수많은 시행착오 끝에 달 착륙에 성공한 과학자들처럼, 우리에게 필요한 것은 '의미 있는 실패'를 자산으로 만드는 용기입니다. 과정의 중요성을 알고 그 안에서 배우는 리더가 진짜 성공하는 리더입니다.

7. 경험과 예행연습의 결실: 2015년 DMZ 목함지뢰 사건의 교훈

부대관리와 훈련의 완결성은 실제 상황에서 그 빛을 발합니다. 2015년 8월 4일 발생한 제1보병사단 DMZ 목함지뢰 사건 당시, 현장 전투원들의 완벽한 조치는 우연이 아니었습니다. 그들은 적의 도발 상황을 가정한 부상자 치료와 후송 예행연습을 반복했습니다. 실제 상황이 발생했을 때, 그들은 생각하기 전에 몸이 먼저 움직여 전우의 생명을 구했습니다.

이 사건에서 전투원들이 남긴 고백 중 인상적인 것이 있습니다. 바로 '카멜백(수분 보충 장치)'의 필요성입니다. 극도의 긴장 속에서 갈증을 느꼈지만, 주변을 감시하고 총을 잡아야 하는 상황이라 수통을 꺼낼 여유조차 없었다는 것입니다. 이러한 현장의 생생한 느낌은 오직 실전과 같은 경험과 예행연습을 통해서만 얻을 수 있는 귀중한 데이터입니다. 경험이 쌓이면 무엇이 제한 요소인지 알게 되고, 그것을 보완하는 것이 곧 부대관리의 고도화로 이어집니다.

8. 준비된 주체로서의 삶을 선택하십시오

부대관리는 주기적으로 반복되는 업무이지만, 그 안에서 어떤 의미를 찾느냐는 전적으로 우리들의 몫입니다. 유튜브 영상 속에서 아버지를 따뜻하게 안아 준 아들의 행동이 가정의 행복을 다시 불러왔듯, 여러분의 주체적인 책임감이 부대의 공기를 바꿀 것입니다.

나 혼자가 아닌 '우리'라는 이름의 협업자가 되어 주십시오. 상급자와 소통하고, 용사들의 강점을 활용하며, 실패를 성장의 밑거름으로 삼는 리더가 되십시오. 여러분이 1인칭의 주인공이 되어 부대를 아끼고 관리할 때, 그 공간은 비로소 용사들이 자신감을 회복하고 함께 성장하는 '기회의 땅'이 될 것입니다. 부대관리의 마스터가 되어, 승리하는 군대의 기초를 닦는 당당한 초급 간부가 되기를 응원합니다.

9장
데이터와 공감이 만나는 지점
: 초급 간부를 위한 용사 면담의 과학

"기술이 고도화될수록 인간은
더 깊은 인간적 접촉을 갈구한다."

(존 나이스비트)

　1부에서 우리는 군의 본질인 '사람'과 그들 사이의 '관계'를 심도 있게 다루었습니다. 병영문화의 주체인 용사들을 한 인격체로 존중하는 '인간중심상담'의 태도가 무엇인지, 그리고 리더의 진정성이 조직을 어떻게 변화시키는지 살펴보았습니다. 하지만 야전의 문턱을 갓 넘은 초급 간부에게 가장 큰 벽은 다름 아닌 '경험의 부족'입니다. 용사들을 아끼는 마음은 충만하지만, 정작 내 앞에 앉은 용사들이 어떤 아픔을 가졌는지, 혹은 어떤 숨겨진 강점을 품었는지 짧은 면담만으로 파악하기란 결코 쉽지 않은 일입니다.

　9장에서는 내가 소논문으로 작성한 'AI를 활용한 전입신병 면담 지원 방안 연구'의 핵심 내용을 바탕으로, 경험이 부족한 초급 간부들이 용사들과의 면담을 어떻게 '과학적이고 인간적인 리더십의 장'으로 만들 수 있는지 그 구체적인 방법론을 제시하고자 합니다.

1. 병력관리의 본질: 1부의 철학을 임무로 승화시키다

우선 우리가 1부에서 논의했던 핵심 내용들을 다시 한번 되새겨 볼 필요가 있습니다. 부대관리의 성패는 결국 '사람'에게 달려 있기 때문입니다. 로저스가 강조한 '실현경향성'에 따르면 모든 용사는 스스로 성장하려는 에너지를 이미 내면에 품고 있습니다. 리더의 임무는 그 성장을 가로막는 환경적 장애물을 제거해 주는 것입니다. 또한 마틴 부버의 '나-너' 관계처럼 용사들을 도구가 아닌 인격으로 대할 때 비로소 군의 무형 전투력이 창출된다는 사실을 우리는 확인했습니다. 할로우의 애착 실험에서 보여 준 것처럼 리더가 정서적으로 안정된 마중물이 될 때, 사회에서 상처 입고 입대한 용사들도 자발적으로 임무에 몰두하게 됩니다.

2. 초급 간부의 현실적 고뇌: 경험 부족과 '직관'의 한계

소위, 중위, 하사 등 초급 간부들은 임관 직후 병력관리의 중책을 맡지만, 용사들의 복잡한 심리적 배경을 분석할 경험치는 절대적으로 부족합니다. 2025년 청소년 통계에 따르면, 현재 입대하는 용사들은 이미 사회에서 높은 수준의 스트레스와 우울감을 경험하고 들어옵니다. 초급 간부가 단순히 "열심히 해보자"라는 식의 주관적인 판단이나 소위 말하는 '감'에 의존하여 면담을 진행할 경우, 용사들이 의도적으로 숨기고 있는 심리적 취약성이나 배경 은폐 압박 등을 놓칠 위험이 큽니다. 이러한 정보의 공백은 결국 부대 관리의 사각지대를 만들고, 이는 곧 예기치 못한 사고로 이어질 수 있습니다.

3. 데이터 기반 의사결정(DDM): AI를 리더의 조력자로 세우다

내 소논문의 핵심은 데이터 기반 의사결정(Data-Driven Decision Making, DDM)을 통해 초급 간부의 경험 부족을 과학적으로 보완하는 것입니다. 인공지능(AI)은 단순히 행정 업무를 돕는 도구를 넘어, 리더의 눈과 귀가 되어 주는 강력한 조력자입니다.

먼저 자연어 처리(NLP) 분석 기술을 활용하면 용사들의 개인생활기록부나 자기소개서에 담긴 방대한 텍스트 속에 숨겨진 맥락을 읽어 낼 수 있습니다. 용사들이 직접 말하기 꺼려하는 심리적 위축이나 가정환경의 특이점 등을 AI가 객관적인 지표로 변환하여 리더에게 제공합니다. 또한 AI는 분석된 데이터를 바탕으로 해당 용사들에게 가장 적절한 '맞춤형 질문 리스트'를 추천해 줍니다. 예를 들어 "이 용사는 성실

지휘의 눈, 승리의 설계도

함이 돋보이지만 대인관계에서 위축될 가능성이 보이니, 과거 동아리 활동 경험을 중심으로 대화를 풀어가 보라"는 식의 구체적인 가이드를 제공하는 것입니다.

특히 중요한 것은 AI가 위험 요소뿐만 아니라 '책임감'이나 '기술적 재능'과 같은 용사들의 강점도 정확히 식별해 준다는 점입니다. 리더가 면담 시작부터 용사들의 강점을 구체적으로 언급하며 인정해 줄 때, 용사들은 '이 간부는 나를 제대로 이해하고 있구나'라는 깊은 신뢰를 느끼게 되며, 이는 곧 강력한 동기부여로 연결됩니다.

4. 실전 면담 프로세스: 기술과 인간의 조화

소논문의 내용을 야전 실제 상황에 적용한다면, 여러분은 다음과 같은 단계를 통해 면담의 질을 획기적으로 높일 수 있습니다.

첫째, 면담 전 준비 단계입니다. 여러분은 면담 장소에 나가기 전, 시스템이 제공하는 용사들의 데이터를 충분히 숙지해야 합니다. 데이터는 여러분의 주관적 편견을 막아 주는 안전장치입니다. 용사들의 배경을 미리 알고 들어가는 것은 사생활 침해가 아니라, '준비된 관심'의 표현입니다.

둘째, 면담 진행 단계입니다. 이 단계에서 여러분은 행정가에서 '공감자'로 전환되어야 합니다. 단순히 기록을 확인하는 행정적 질문은 이미 데이터로 파악했으므로 과감히 생략하십시오. 면담 시간에는 용사들의 눈을 맞추고, 그가 가진 고민과 사명에 귀를 기울여야 합니다. 추천받은 질문을 활용하되, 리더의 진정성이 담긴 '태도'로 대화하는 것이 핵심입니다. 이것이 바로 기술과 인간이 협업하는 '하이터치(High Touch)' 리더십입니다.

셋째, 면담 후 조치 단계입니다. 면담이 끝난 후에는 분석된 조치 사항을 바탕으로 용사들이 적응할 수 있는 환경을 즉각적으로 조성해 주어야 합니다. '조치'가 따라오지 않는 면담은 용사들에게 형식적인 절차라는 실망감만 안겨줄 뿐입니다. 면담 내용을 기록하고 주기적으로 변화를 추적하는 완결성을 보여 주어야 합니다.

5. 과학적 병력관리가 주는 리더십의 자신감

AI를 활용한 과학적 면담은 초급 간부에게 세 가지 결정적인 이점을 제공합니다. 첫째는 실수 위험의 최소화입니다. 객관적 지표를 통해 고위험군을 조기에 식별함으로써 관리 소홀로 인한 사고를 예방할 수 있습니다. 둘째는 업무 효율성입니다. 반복적인 분석 업무를 시스템에 맡김으로써, 여러분은 용사들과의 인간적 교류와 심층적인 공감에 더 많은 시간을 투자할 수 있게 됩니다. 셋째는 리더로서의 자신감입니다. "내가 이 용사를 제대로 파악하고 있는가?"라는 불안감을 데이터에 기반한 확신으로 바꿔 줌으로써, 여러분이 당당하게 지휘권을 행사하고 부대를 장악하도록 돕습니다.

지휘의 눈, 승리의 설계도

간부를 희망하는 여러분, 병력관리는 이제 개인의 '감'이나 '성격'에만 맡기는 영역이 아닙니다. 데이터라는 차가운 이성과 공감이라는 뜨거운 가슴이 만날 때, 여러분은 비로소 용사들의 마음을 얻는 진정한 승리자가 될 수 있습니다.

여러분이 용사들의 손을 처음 잡는 그 짧은 찰나, 여러분은 이미 그에 대해 완벽히 준비된 전문가여야 합니다. 과학적인 도구를 활용하여 용사들의 잠재력을 해방하십시오. 그것이 바로 현대 육군이 요구하는 정예 초급 간부의 모습이며, 용사들을 살리는 부대관리의 완성입니다.

10장
하루살이의 삶에서 벗어나는 지혜
: 명시과업과 추정과업의 조화를 통한 '주체적 몰입'

"행복은 결과가 아니라, 자신의 능력을 최대한 발휘하여
목적에 몰두하는 '과정' 그 자체에 있다."

(칙센트미하이)

초급 간부로서 야전부대에 첫발을 내디디면 대개 폭풍처럼 쏟아지는 업무와 낯선 환경 속에서 정신을 차리기 힘든 상황에 직면합니다. 소위 시절의 나를 되돌아보면, 매 순간이 긴급했고 무엇을 먼저 해야 할지 몰라 그저 눈앞에 닥친 일들을 처리하기에 급급했습니다. 이를 두고 많은 이들이 '하루살이 삶'이라 표현합니다. 하지만 군인의 임무를 명확히 이해한다는 것은 바로 이 하루살이의 삶에서 벗어나, 전장의 리더로서 삶을 주도적으로 통제하기 시작한다는 것을 의미합니다. 10장에서는 초급 간부가 어떻게 자신의 업무를 염출하고, 그 과정에서 어떻게 성취감과 행복을 발견할 수 있는지에 대해 깊이 있게 나누고자 합니다.

지휘의 눈, 승리의 설계도

1. 지휘관의 의도와 시간 계획: 왜 기록해야 하는가?

　작전장교 시절, 제2작전사령관(4성 장군)으로부터 모든 간부는 일자별, 시간별 업무 계획을 특정 프로그램에 상세히 기록하라는 지시가 내려온 적이 있습니다. 당시 현행 작전 업무만으로도 숨이 가빴던 나에게 이는 불필요한 행정적 스트레스이자 과도한 통제처럼 느껴졌습니다. "이게 대체 뭐가 중헌디?"라는 영화 속 대사처럼 불만이 터져 나왔습니다. 그러나 제2작전사령관의 의도는 명확했습니다. 현장 지도 중에 만난 수많은 초급 간부가 자신들이 왜 바쁜지, 내일 무엇을 해야 하는지조차 모른 채 그저 '하루살이'처럼 살고 있다는 사실에 안타까움을 느꼈던 것입니다.

　이러한 '하루살이의 삶'은 교육기관에서 구체적으로 배우지 못한 탓도 큽니다. 야전은 모든 것을 친절하게 알려 주는 환경이 아니기 때문입니다. 실제로 임관하여 야전에 나간 61기 소위로부터 한 통의 전화를 받은 적이 있습니다. 그는 야전 생활의 고충을 토로하며 "교관님, 정말 무엇부터 해야 할지 모르겠습니다. 매일매일 하루살이처럼 버티고만 있는 것 같습니다"라고 고백했습니다.

　교관으로서 그를 돕기 위해 적극적으로 개입했습니다. 대대 주간 예정 사항과 8주간의 주요 업무가 담긴 자료를 참고하여 소대장이 일자별로 해야 할 일과 사전에 준비해야 할 추정과업들을 작성해서 전달해 주었습니다. 내가 사관후보생들을 지도하며 교내 교육 시간에 소대장의 주간 시간 계획 수립을 강조하는 이유가 바로 여기에 있습니다. 대대의 8주간 주요 예정 업무와 주간 훈련 예정표를 펼쳐놓고, 그 방대한 정보 안에서 자신이 수행해야 할 과업을 스스로 도출해 내는 훈련은 초급 간부에게 있어 단순한 행정이 아니라 전장에서 살아남기 위한 '생존 전략'입니다.

2. 명시과업과 추정과업의 도출: 보이지 않는 임무를 찾아내는 눈

리더의 유능함은 문서에 적힌 '명시과업'을 넘어, 적혀 있지 않지만 반드시 수행해야 할 '추정과업'을 염출해낼 때 빛납니다. 예를 들어, 이번 주 화요일에 대대장의 소부대 훈련 현장 지도가 계획되어 있고, 수요일에는 여단장의 주간 정신교육 점검이 있다면 리더의 머릿속은 바빠져야 합니다.

단순히 "화요일 훈련, 수요일 정신교육"이라고 적어 두는 것은 3인칭의 삶입니다. 1인칭 리더는 월요일에 기상 정보를 확인하고 직접 훈련 장소를 답사하여 대대장 도착 시 훈련 내용과 소대원의 위치 등을 워게임하고 훈련 장소의 위험 요소가 없는지 확인합니다. 특히 화요일 퇴근 전에는 분대장들에게 생활관의 불필요한 물품을 정리하게 하고, 냉장고 안에 있는 각종 먹거리의 유통기한까지 꼼꼼히 확인하도록 지시해야 합니다. 수요일 아침 출근 시 부소대장에게 이를 재확인하게 함으로써, 여단장 현장 지도 시 발생할 수 있는 다양한 변수를 완벽히 차단하는 것입니다.

지휘의 눈, 승리의 설계도

또한 목요일에 유탄발사기 사격이 있다면, 화요일 교육 시간에 이미 사격 우수자들을 교관으로 세워 '전원 사수화'를 독려해야 합니다. 사격 당일에는 소대원들이 사수들을 격려하는 작은 행사를 열어 우리가 서로에게 관심을 두고 있음을 보여 주어야 합니다. 인접 부대와 통화하여 최근 검열 시 잘된 점과 미흡했던 점을 미리 파악하는 준비성, 이것이 바로 문서에는 없지만 리더가 스스로 찾아내야 할 '추정과업'입니다. 이렇게 준비하는 자는 어린 왕자가 별에서 만난 바쁜 상인이나 지리학자처럼 의미 없는 분주함에 빠지지 않고, 전체를 조망하며 여유 있게 지휘권을 행사할 수 있습니다.

3. 임무와 행복의 관계: 몰입(Flow)의 발견

우리는 왜 이토록 치열하게 임무를 준비해야 할까요? 단순히 사고를 막기 위해서일까요? 아닙니다. 더 본질적인 이유는 리더 자신의 '행복'과 직결되기 때문입니다. 심리학자 칙센트미하이(Mihaly Csikszentmihalyi)는 인간이 어떤 행위에 완전히 빠져들어 시간 가는 줄 모르는 상태를 '플로우(Flow)', 즉 '몰입'이라 불렀습니다. 그는 인간의 행복이 바로 이 몰입을 발견하는 데 있다고 주장하며, 행복의 3요소로 몰입, 의미, 기쁨을 꼽았습니다.

의무감이나 억지로 하는 임무 수행은 금방 자포자기하게 만듭니다. 하지만 우리가 주체적으로 과업을 도출하고, 그 계획이 현장에서 완벽하게 구현되는 것을 목격할 때 리더는 강력한 몰입을 경험합니다. 행복한 가족 관계가 단순히 희생만으로 유지될 수 없듯이, 행복한 군 생활 역시 자발적인 마음이 전제되어야 합니다. 내가 짠 계획대로 소대가 움직이고 작전이 성공할 때 느끼는 그 짜릿한 성취감은, 군인으로서 느낄 수 있는 가장 고귀한 행복입니다.

4. 헛짓은 없다: 쌓아 올린 에너지가 가져오는 부메랑

우리가 무엇을 해야 할지 몰라 방황할 때, 영화 〈검은 사제들〉의 최부제(강동원)가 겪은 트라우마처럼 과거의 실패나 두려움이 사탄의 목소리가 되어 우리를 수렁으로 끌어당길 수도 있습니다. "이런다고 뭐가 달라지겠어?"라는 생각이 들 때일수록 우리는 현재의 임무에 집중해야 합니다. 여러분의 임무를 정확히 안다는 것은 매 순간 부대를 위해 여러분에게 할 일이 있다는 확신을 갖는 것이며, 이는 곧 주체적인 주인 정신으로 이어집니다.

드라마 〈미지의 서울〉에서 주인공은 보고서 준비에 밤낮없이 몰두했으나 정작 당장에는 좋은 평가를 듣지 못합니다. 하지만 그 과정에서 쌓은 지식과 성취감은 사라지지 않았습니다. 이후 결정적인 회의에서 사장의 질문에 완벽하게 답변하여 마침내 인정을 받게 된 순간, 그는 자기 책상에 앉아 이렇게 말합니다. "다 헛짓이 아니었네." 우리가 쏟은 정성은 결코 헛수고로 끝나지 않습니다. 드라마 〈폭싹 속았

수다)에서도 애순이의 과거 선한 행위들은 훗날 딸 금명이가 억울한 누명을 벗게 되는 결정적인 계기가 됩니다. "같이 안 속상해야 좋다"고 말하며 묵묵히 선의를 베풀었던 에너지가 결국 돌아와 문제를 해결한 것입니다.

5. 승리는 보이지 않는 곳에서 이미 결정된다

여러분이 야전에서 용사들을 위해 흘린 땀, 남들이 보지 않는 곳에서 냉장고 유통기한까지 확인하며 부대를 돌본 그 모든 에너지는 결코 사라지지 않습니다. 당장 결과가 나타나지 않아 속상할 때도 있겠지만, 그 선한 에너지는 언젠가 반드시 여러분에게, 혹은 여러분이 아끼는 누군가에게 좋은 부메랑이 되어 돌아옵니다. 이순신 장군이 '난중일기'에 매일의 기록을 남기며 자신을 다스렸듯, 여러분의 임무 수행 과정 자체가 여러분을 단단하게 만드는 보석이 될 것입니다.

간부를 희망하는 여러분, 책상 앞에 앉아 부대의 일정을 확인하고 용사들의 강점을 어떻게 활용할지 고민하는 그 시간은 결코 헛된 시간이 아닙니다. 그것은 승리를 설계하는 시간이며, 용사들의 생명을 보호하는 방패를 깎는 시간입니다. 여러분이 주체적으로 임무를 장악할 때 비로소 군 생활은 고통스러운 의무가 아닌, 여러분을 성장시키고 기쁨을 주는 '행복한 몰입'의 장이 될 것입니다. 여러분의 유능함과 준비성이 육군의 미래를 밝히는 등불이 되기를 진심으로 응원합니다.

3부

지형과 기상: 전장의 지배자, 대지의 숨결을 읽는 지혜

　1부에서 우리는 '사람'이라는 고귀한 존재를 이해했고, 2부에서는 그 사람들과 함께 완수해야 할 '임무'의 엄중함을 논했습니다. 이제 3부에서는 그 모든 행위가 일어나는 무대이자, 승패를 결정짓는 보이지 않는 손인 '지형과 기상'에 대해 이야기하고자 합니다. 故김대중 대통령은 지도자의 덕목으로 '서생적 문제의식'과 '상인의 현실감각'의 균형을 강조했습니다. 비전을 꿈꾸는 선비의 마음을 갖되, 그것을 실현하는 발은 철저히 현실의 땅을 딛고 있어야 한다는 뜻입니다. 군 리더십도 마찬가지입니다. 용사를 사랑하는 마음이 서생의 문제의식이라면, 우리가 발을 딛고 있는 지형과 기상을 아군으로 만드는 것은 리더의 가장 강력한 상인적 현실감각입니다.

지휘의 눈, 승리의 설계도

1. 작전지역 숙지: 전문가의 기본이자 도덕적 책무

　초급 간부에게 작전지역은 단순히 지도상의 그림이 아닙니다. 전시와 평시를 막론하고 내 임무가 수행되는 그 땅은 적과 싸워 이겨야 하는 숙명의 장소입니다. 손자병법에서는 지형을 '승리를 돕는 최고의 조력자'라 일컬었습니다. 싸워야 할 장소를 제대로 모르는 리더는 무능을 넘어, 자신을 믿고 따르는 용사들을 사지로 내모는 무책임하고 파렴치한 존재가 될 수 있음을 명심해야 합니다.

　내가 현역시절 부대 전입 시 가장 먼저 실천했던 일은 주둔지 울타리를 따라 직접 걷는 것이었습니다. 군사지도와 위성지도를 대조하며 우리 부대의 통합방호계획이 실제 지형과 어떻게 맞물리는지 확인하는 이 작은 행동은, 이후 작전 상황에서 누구보다 선제적인 안목을 가질 수 있게 해 주었습니다. 지형 연구는 한 번으로 끝나지 않습니다. '만 시간의 법칙'이나 '10년의 법칙'처럼, 매일 지형을 관찰하고 연구하는 시간이 쌓일 때 비로소 전장을 조망하는 눈이 열립니다. 지형을 손바닥 보듯 훤히 꿰고 있는 간부만이 위급한 순간에 용사들에게 확신 있는 명령을 내릴 수 있습니다.

2. 기상의 역학: 자연의 섭리를 부대관리의 지혜로

　각종 훈련과 부대 운영에서 기상이 미치는 영향력을 이해하는 것은 전투력을 보존하는 실무적인 지혜입니다. 바람과 물은 모든 것을 쓸어 버리고 부식시킨다는 기본 상식만 있어도, 리더가 해야 할 일은 무궁 무진해집니다. 비가 오기 전, 물웅덩이가 생길 만한 곳을 미리 정비하십시오. 이는 사후 복구 작업을 줄일 뿐만 아니라, 물웅덩이 제거를 통해 해충의 번식을 막아 부대의 위생 상태까지 개선하는 일석이조의 효과를 거둡니다.

배수로를 사전에 청소하여 물의 역류를 막고, 강풍에 날릴 위험이 있는 시설물을 결박하거나 위치를 이동시키는 작은 행동이 대형 사고를 미연에 방지합니다. 또한, 물이 금속을 부식시킨다는 사실을 잊지 않고 노출된 파이프에 캡을 씌우는 세심한 관리는 국방 자산을 아끼는 진정한 전문가의 모습입니다. 현실을 도외시한 이념은 공허하듯, 기상을 고려하지 않은 부대관리는 맹목적인 노동에 불과합니다. 기상을 예측하고 선제적으로 조치하는 리더 밑에서 용사들은 불필요한 고생을 하지 않으며 리더의 유능함을 신뢰하게 됩니다.

3. 기상과 심리: 보이지 않는 전투력의 원천을 헤아리다

기상은 용사들의 심리 상태에도 깊은 영향을 미칩니다. 통계에 따르면 계절별 자살률이나 사고율은 기온과 일조량의 변화에 민감하게 반응합니다. 특히 '해빙기'나 계절의 변곡점에는 인간의 정서가 불안정해지고, 부주의로 인한 안전사고가 급증하는 경향이 있습니다. 인간중심의 리더십은 바로 이러한 용사들의 마음을 헤아리는 것에서 시작됩니다.

궂은 날씨나 혹독한 계절적 변화가 용사들의 사기에 미치는 영향을 민감하게 포착하십시오. 우리의 궁극적인 목적은 어떤 환경에서도 싸워 이기는 전사를 만드는 것입니다. 계절적 요인으로 인한 피로감이나 심리적 위축을 이해하고, 선제적으로 격려하며 환경을 개선해 줄 때 용사들은 리더의 진심을 느끼게 됩니다. 삼국지에서 제갈공명이 동남풍을 이용해 전세를 역전시켰듯, 기상은 잘 활용하면 승리의 도구가 되지만 모르면 아군을 갉아먹는 적이 됩니다.

간부를 희망하는 여러분, 기상을 안다는 것은 단순한 지식을 넘어 여러분의 추진력과 조망하는 힘의 근원이 됩니다. 여러분이 할 수 있는 일들을 스스로 '염출'해 내는 능력은 바로 하늘을 읽는 눈에서 나옵니다. 기상이 용사들의 마음을 움직이고, 부대관리의 효율을 높이며, 결국 작전의 승패를 결정짓는다는 사실을 잊지 마십시오. 여러분의 서생적 문제의식(용사에 대한 사랑)과 상인의 현실감각(기상에 대한 숙달)이 만날 때, 여러분은 비로소 전장을 지배하고 승리를 설계하는 진정한 리더가 될 것입니다.

11장
지형은 암기다
: 눈앞의 능선을 넘어 승리로 가는 길을 외워라

"지휘관이 두려워해야 할 것은 적의 총탄이 아니라,

준비되지 않은 자신이다."

(조지 S. 패튼, 미 육군 장군)

군인에게 있어 지형을 완벽하게 숙달하는 것은 단순한 전술 지식을 넘어 전문가로서 갖춰야 할 생존의 최소 요건입니다. 하지만 초급 간부 시절 우리가 저지르는 가장 큰 실수 중 하나는 바로 내 눈앞에 보이는 지형만을 전부라고 믿는 것입니다. 전장은 평면이 아니며, 우리가 맞서 싸워야 할 적은 우리 정면에만 존재하는 것이 아닙니다. 적을 돕기 위해 후방에서 밀려오는 지원 부대, 그들이 이용할 수 있는 은밀한 기동로와 고지, 그리고 우리가 공격하며 나아가야 할 미지의 땅까지를 포함하는 입체적인 공간입니다.

지휘의 눈, 승리의 설계도

1. 지형 숙달의 실패가 가져오는 비극: 무능은 곧 죄악이다

초급 간부의 지형 숙달 능력은 곧 용사들의 생존과 직결됩니다. 이를 가장 적나라하게 보여 주는 사례가 드라마 〈밴드 오브 브라더스〉의 소블 중대장과 노먼 다이크 중대장입니다. 소블 중대장은 지도상의 자기 위치를 파악하지 못하고, 지형을 읽는 능력이 결여된 채 부하들을 지휘했습니다. 그 결과 중대장은 적의 매복으로 자신 포함 95%의 중대원을 전사시켰습니다. 소블 중대장은 훈련이었기에 다행이지만, 노먼 다이크 중대장은 벨기에 포이(Foy) 마을 공격 작전 중, 갑자기 지형을 활용한 은폐나 기동 방향을 결정하지 못하고 개활지 한가운데에서 공포에 질려 멈춰버립니다. 리더가 길을 잃고 멈춘 그 찰나의 순간, 용사들은 적의 표적이 되어 쓰러져 갑니다. 지형을 모르는 리더는 무능을 넘어 용사들을 사지로 내모는 '파렴치한 죄'를 짓고 있는 것과 같습니다.

반면, 영화 〈고지전〉의 '악어중대'는 지형의 단 한 뼘조차 완벽하게 장악하고 있었습니다. 그들이 거듭되는 고지 탈환전에서 살아남을 수 있었던 이유는 고지의 경사도, 사계가 제한되는 지점, 아군을 지원할 수 있는 우회로를 머릿속에 통째로 암기하고 있었기 때문입니다. 이러한 지형에 대한 통찰은 이미 2,500년 전 '손자병법'의 지형편에서 손자는 지형을 "장군의 보좌역"이라 칭하며, 지형의 이로움을 알지 못하고 싸우는 자는 반드시 패한다고 경고했습니다. 지형은 단순히 배경이 아니라, 리더가 부려야 할 가장 강력한 보좌역을 잊지 마십시오.

2. 이순신 장군의 공식: '지피지기'의 완성은 '지형의 암기'에서 나온다

〈명량〉과 〈한산〉에서 묘사된 이순신 장군의 승리는 철저하게 지형을 '암기'하고 활용한 결과입니다. 장군은 단순히 적을 이기려 한 것이 아니라, 적을 이길 수밖에 없는 '장소'로 끌어들였습니다.

지형은 리더가 싸움터를 바라보는 마음가짐의 기초이며, 이를 무시하는 것은 군인으로서의 도리를 다하지 않는 것입니다. 이순신 장군의 〈명량〉과 〈한산〉의 사례를 보면, 장군은 단순히 용맹했던 것이 아니라 우리 바다의 조류와 암초, 해안선 지형을 적보다 더 완벽하게 '암기'하고 있었습니다. 그 지독한 지형 연구가 있었기에 명량해전에서 13척으로 133척을 상대로 불가능한 승리가 가능했던 것입니다.

이는 현대전의 초급 간부에게도 동일하게 적용됩니다. 나는 육군학생군사학교 입영훈련 독도법 교관 임무 수행 간, 사관후보생들에게 하나의 공식을 강조했습니다. 바로 "지형은 암기"라는 것입니다. 지형을 우리 머릿속에 지도로 그려 놓고 걸어야 합니다. "100미터를 이동하면 갈림길이 나올 것이고, 그 지점에서 약 200미터를 더 전진하면 우측에 급경사가 나타난다. 거기서 나침반 120도 방향으로 틀면 우리가 목표로 한 고지가 보일 것이다." 이 정도의 시나리오가 머릿속에 그려지지 않는다면, 여러분은 지형을 아는 것이 아닙니다.

경험이 부족하여 지형 읽기가 어렵다면 지독하게 외우십시오. '만 시간의 법칙'은 지형 숙달에도 적용됩니다. 3사관학교 생도 시절, 독도법 교관님은 "지도에서 물소리가 들리고 곤충 소리가 들려야 한다"고 말

지휘의 눈, 승리의 설계도

쏨하셨습니다. 당시에는 그 말이 황당하게 들렸지만, 지금은 그 의미를 명확히 이해합니다. 지형을 끊임없이 보고 연구하며 고민하다 보면, 머릿속에 들어간 지형 데이터가 실제 풍경과 결합되어 입체적으로 살아 움직이기 시작합니다. 지도를 보는 것만으로도 "저 너머에는 급경사가 있고 물이 흐르겠구나"라는 것이 예견되는 경지에 도달하게 될 때, 여러분은 비로소 전장을 장악하는 리더가 됩니다.

3. 기술과 기본의 조화: 1인칭 리더가 지형을 아군으로 만드는 법

현대전은 우리에게 훌륭한 도구들을 선물했습니다. 편제 장비인 PRE(위치정보 접속장치)는 실시간으로 우리의 위치를 알려주며, 스마트폰의 다양한 군사 좌표 앱은 지형 연구의 효율을 획기적으로 높여줍니다. 하지만 기계는 언제든 적의 전자전이나 배터리 방전으로 무력화될 수 있습니다. 그때 여러분을 지켜주는 것은 결국 고전적인 독도법입니다.

목적지를 설정했다면, 이동 간 중간중간 내가 식별할 수 있는 참고점을 실제 지형과 대조하며 확인해야 합니다. 이때 보폭을 세는 것은 분대장이나 통신병에게 임무를 주십시오. "100보씩 걸을 때마다 보고하라"는 지시 하나만으로도 리더는 방향 유지에 집중할 수 있는 여유를 얻게 됩니다.

대대 작전과장 시절, 겪었던 인접연대 밀입국 완결 작전의 성공 비결은 철저한 지형 숙달에 있었습니다. 몇 주 전 전술훈련을 통해 연대원들이 해안 지형의 돌 하나, 나무 한 그루의 위치까지 암기하고 있었기에, 실제 상황이 닥쳤을 때 즉각 차단할 수 있었습니다. 아는 것이 곧 자존감이 되고 자신감이 됩니다. 우리가 가야 할 길을 명확히 아는 리더는 흔들리지 않습니다. 리더가 확신을 가지고 "우리의 지향점은 저 고지다"라고 선포할 때, 부대의 모든 전투력은 그곳으로 지향됩니다.

간부를 희망하는 여러분, 지형을 완벽히 안다는 것은 용사들이 여러분을 믿고 따르게 하는 가장 강력한 마중물입니다. "우리 소대장님은 눈을 감고도 길을 찾는다"는 신뢰는 부대를 하나로 묶고 승리를 보장하는 최고의 무기입니다. 아는 것에 멈추지 마십시오. 지독하게 암기하고 연구하십시오. 여러분의 머릿속에 전장의 모든 능선이 새겨질 때, 여러분은 비로소 용사들의 생명을 책임지는 진짜 지휘관이 될 것입니다.

지휘의 눈, 승리의 설계도

12장
하늘의 뜻을 읽는 리더가 전장을 지배한다
: 기상과 전투력의 상관관계

"우리가 싸우는 건 인민군이 아니라

이 지독한 날씨와 산등성이다."

(영화, 〈고지전〉의 대사)

    초급 간부로서 야전에 부임하면 가장 먼저 마주하는 난관 중 하나는 변덕스러운 '날씨'입니다. 경험이 부족한 여러분들에게 기상은 그저 비가 오면 옷이 젖고, 눈이 오면 길을 쓰는 번거로운 자연현상으로만 다가올지 모릅니다. 용사들이 창밖의 첫눈을 보며 낭만을 즐기기는커녕 깊은 한숨을 내쉬는 이유를, 직접 제설 도구를 들고 영하의 칼바람을 맞아보기 전까지는 온전히 이해하기 어렵습니다. 그러나 군복을 입은 전문가에게 기상은 낭만의 대상이 아니라, 실전투의 성패를 가르고 교육훈련의 질을 결정하며 부대관리의 성실함을 검증하는 가장 엄격한 시험대입니다.

대한민국은 전 세계적으로도 보기 드문 극단적인 고온과 혹한이 공존하는 지형적 특성을 가지고 있습니다. 이 두 극단의 계절을 매년 겪어내야 한다는 것은 리더가 준비해야 할 시나리오가 그만큼 방대하고 치밀해야 함을 의미합니다.

1. 전사가 증명하는 기상의 위력: 6·25전쟁에서 얻는 교훈

'6·25전쟁 시 날씨와 전투 사례와의 연계성 연구'와 '무더위가 전쟁의 승패에 영향을 준 사례 연구'는 기상이 어떻게 전략적 승패를 뒤바꿨는지 생생하게 보여 줍니다. 3년 1개월 2일 동안 치러진 6·25전쟁은 우리에게 기상 리더십의 보고와 같습니다.

가장 대표적인 사례가 1950년 겨울의 장진호 전투입니다. 당시 미 해병 1사단은 영하 30도에서 40도를 오르내리는 살인적인 추위와 싸워야 했습니다. 논문 연구에 따르면, 당시 용사들은 추위로 인해 소총의 윤활유가 얼어붙어 격발이 되지 않는 기능 고장을 겪었고, 무전기 배터리는 순식간에 방전되었습니다. 무엇보다 동상으로 인한 비전투 손실이 적의 총탄에 의한 피해보다 컸습니다. 이는 기상 대비가 없는 군대는 적과 싸워보기도 전에 무너진다는 사실을 극명하게 보여 줍니다.

반대로 여름철 무더위 역시 치명적이었습니다. 1950년 8월 낙동강 방어선 전투 당시, 40도에 육박하는 폭염 속에서 용사들은 극심한 탈수와 열사병에 시달렸습니다. 논문 연구에서는 무더위가 장비의 과열을 초래하고 용사들의 판단력을 흐리게 하여 지휘 통제에 심각한 공백을 만든 사례를 분석하고 있습니다. 6·25전쟁의 전사는 우리에게 속삭입니다. 리더가 계절별 특성에 맞는 장비 점검과 용사들 보호 대책을 세우지 않는다면, 승리는 결코 보장될 수 없다는 것입니다.

2. 현대전의 기상 패러다임: 러·우 전쟁이 던지는 화두

과거의 기상이 주로 용사들의 신체적 인내력에 영향을 주었다면, 최근 러·우 전쟁에서의 기상은 '첨단 기술전'의 양상을 완전히 바꿔 놓았습니다. 러·우 전쟁 초기, 러시아군을 곤혹스럽게 만든 것은 다름 아닌 '라스푸티차(Rasputitsa)', 즉 해빙기 진흙탕이었습니다. 강력한 기갑부대를 보유했음에도 불구하고 진흙 속에 갇혀 버린 전차들은 우크라이나군 드론의 손쉬운 먹잇감이 되었습니다.

또한 현대전의 핵심 자산인 드론과 정밀 유도 무기는 기상 변화에 매우 민감합니다. 강풍은 드론의 비행을 방해하고, 짙은 안개와 폭우는 광학 장비의 시야를 가립니다. 과거에는 안개를 틈타 은밀 침투가 가능했다면, 이제는 적의 열상 장비가 기상 조건을 극복하며 우리를 지켜보고 있습니다. 초급 간부는 이제 과거의 전사와 현대의 기술 변화를 동시에 분석하며, 기상을 역이용할 수 있는 영특함을 갖춰야 합니다.

3. '불(火)'에 대한 잊힌 전술 토의: 산불과 현대 전장의 위협

2001년 GOP 근무 시절, 당시 맞불작전을 수행하며 불의 압도적인 공포를 목격했습니다. 당시 산불 관련 전술 토의를 하고 진지마다 산불 대비 물자를 비축했던 기억이 선명합니다. 6·25전쟁 당시에는 산들이 대부분 벌거숭이였기에 산불의 위협이 상대적으로 적었을지 모르나, 지금의 대한민국 산천은 울창한 삼림으로 덮여 있습니다.

만약 전시 상황에서 적의 포탄이 우리 산야에 떨어진다면, 그 화마는 적의 직사화기보다 훨씬 무서운 속도로 우리를 덮칠 것입니다. 하지만 현재 야전에서 '불'을 전술적 요소로 심각하게 다루는 토의는 점차 사라지고 있는 듯합니다. 매년 뉴스에서 보는 산불의 위력은 마을 하나를 통째로 집어삼키는 수준입니다. 초급 간부는 산불 발생 시 소대원들을 어디로 대피시킬지, 바람의 방향을 고려해 어떻게 생존 구역을 확보할지 치밀하게 고민해야 합니다. 우거진 숲은 우리에게 훌륭한 은폐를 제공하지만, 기상이 건조해지는 순간 치명적인 함정이 될 수 있음을 직시해야 합니다.

4. 실전적 간접경험: 전술적 상상력으로 극한 환경을 극복하라

오늘날 안전이 강조되면서 극한의 기상 조건 속에서 훈련을 강행하는 것이 제한되기도 합니다. 그러나 리더는 상황이 여의치 않다고 해서 준비를 멈춰서는 안 됩니다. 훈련 간 용사들과 끊임없이 '기상 시나리오'를 토의하는 것 자체가 훌륭한 전투력 향상입니다.

여름철 무더위 속에서 화생방 상황을 가정해 봅시다. 방독면과 보호의를 착용한 상태에서 장시간 임무를 수행할 때의 체력 소모는 평시의 몇 배에 달합니다. 또한 리더는 용사들과 곤충으로 인한 감염병 위험과 식수 보급 경로를 구체적으로 고민해야 합니다. 추가로 비가 오지 않는 건조한 날씨에서의 사격을 생각해 보십시오. 사격 시 발생하는 진지의 흙먼지는 사수의 시야를 가릴 뿐만 아니라, 총기의 노리쇠 뭉치와 약실에 침투하여 치명적인 기능 불량을 초래합니다. 평소 흙먼지 차단 대책이나 총기 손질 관리를 논의하는 것은 실전에서 용사들의 생명을 구하는 길입니다.

비가 오는 날은 축축한 복장이 사기를 저하시킬 뿐만 아니라, 장비의 전자계통에 문제를 일으킵니다. 겨울철 혹한기에는 껴입은 옷으로 인해 기동이 둔해지고, 두꺼운 장갑 때문에 방아쇠울에 손가락이 들어가지 않아 즉각적인 사격이 제한되는 돌발 상황이 발생합니다. 이러한 상황들을 전쟁 영화나 전투 사례를 통해 간접 경험하게 하고, 용사들과 "이럴 때 우리는 어떻게 할 것인가?"를 토의하는 과정 자체가 부대의 실질적인 전투력을 높이는 마중물이 됩니다.

5. 주체적 부대관리: 기상을 아군으로 만드는 리더의 조망

　부대관리에서 기상을 다루는 법은 리더의 '주체적 조망'과 '성실함'을 가장 정직하게 보여 주는 지표입니다. 군대의 부대관리는 사회에서 재난에 대비하는 원리와 조금도 다르지 않습니다. 유능한 리더는 하늘의 변화를 살피며 부대의 취약점을 미리 찾아내는 사람입니다.

　먼저 '물(水)'에 대한 관리입니다. 비가 오기 전 배수로를 사전에 청소하는 것은 가장 기초적이지만 중요한 임무입니다. 배수로가 막혀 물이 역류하면 주둔지 침수는 물론 토사 유출로 인한 옹벽 붕괴 등 대형 사고로 이어집니다. 또한 비만 오면 물웅덩이가 생기는 저지대를 미리 식별하여 평탄화 작업을 해두어야 합니다. 이는 단순히 통행의 불편을 해소하는 것을 넘어, 해충의 번식지를 제거하여 용사들의 위생과 건강을 지키는 '예방 의학'의 관점입니다. 비가 그친 뒤에는 습기가 금속 장비를 부식시키지 않도록 파이프 캡을 씌우거나 장비 도색 상태를 확인하는 세심함이 필요합니다.

　'바람(風)'에 대한 대비도 소홀히 할 수 없습니다. 강풍이 예보되면 주둔지 내의 천막, 위장망, 가설물들이 견고하게 결박되어 있는지 확인해야 합니다. 바람에 날린 위장망이 통신 안테나를 덮치거나 이동하는 용사들을 덮치는 사고는 충분히 예방 가능한 인재입니다. 특히 겨울철 강풍은 체감 온도를 급격히 낮추어 동상 환자를 발생시키므로, 생활관의 창문 틈새 바람을 막고 온수 공급 체계를 점검하는 등 '정서적 온기'를 관리하는 것까지 리더의 영역에 포함됩니다.

'눈(雪)'과 '해빙기' 관리는 리더의 조망 능력을 시험합니다. 제설 물자를 미리 확보하고 제설 장비의 가동 상태를 점검하는 것은 기본입니다. 더욱 중요한 것은 눈이 녹기 시작하는 해빙기입니다. 얼었던 땅이 녹으며 지반이 약해지는 시기에는 옹벽의 균열, 경사면의 토사 붕괴 징후를 매일 눈으로 확인해야 합니다. 사회에서 해빙기 안전 점검을 하듯, 군에서도 이 시기의 순찰은 평소보다 몇 배 더 정교해야 합니다.

결국 기상을 고려한 부대관리의 핵심은 '선제적 조치'에 있습니다. 문제가 터진 뒤에 수습하는 것은 누구나 할 수 있지만, 하늘의 뜻을 읽고 사고의 싹을 미리 잘라내는 것은 오직 준비된 리더만이 가능합니다. 계절별로 용사들의 심리 상태를 관리하는 것 역시 중요한 부대관리입니다. 혹한기에 떨고 있는 용사들에게 건네는 따뜻한 차 한 잔과 "고생 많다"는 격려 한마디는, 그들이 리더를 믿고 어떤 악조건 속에서도 임무를 완수하게 만드는 가장 강력한 동기부여가 됩니다. 기상을 이해하고 대비하는 리더 밑에서 용사들은 '안전함'을 느끼며, 그 안전함은 곧 부대의 '무적 전투력'으로 승화됩니다.

13장
선제적 조치의 미학
: 월별 지표와 데이터로 설계하는 완벽한 부대관리

"사고는 우연히 찾아오는 불운이 아니라,
방치된 사소한 징후들이 쌓여 폭발하는 필연이다."
(허버트 윌리엄 하인리히)

지형과 기상을 분석하는 리더의 시선은 결국 '사고 예방'과 '임무 완수'라는 두 마리 토끼를 잡기 위한 선제적 조치로 귀결되어야 합니다. 군에서 강조하는 임무변수(METT-TC) 중 지형과 기상은 우리가 통제할 수 없는 상수처럼 보이지만, 이를 어떻게 분석하고 대비하느냐에 따라 부대에는 긍정적인 활력이 될 수도, 혹은 뼈아픈 비극의 단초가 될 수도 있습니다.

1. 사고의 대가와 리더의 각성: 안전은 곧 전투력이다

연대 작전과장 시절, 내곡동 동원훈련 총기 사고를 현장에서 직접 경험하며 리더십의 근간이 흔들리는 충격을 받았습니다. 그전까지만 해도 나는 "사고가 무서워 훈련을 못 하느냐"는 전형적인 강성 군인의 마인드를 가지고 있었습니다. 하지만 사고는 모든 것을 집어삼켰습니다. 한 번 발생한 사고를 수습하고 부대를 안정화하는 데는 상상을 초월하는 노력과 시간이 소요되었습니다. 무엇보다 부대 안정화가 이루어지기 전까지 모든 실전적인 훈련이 제한되었고, 부대와 용사들의 사기는 바닥으로 추락했습니다.

사고 예방은 결코 소극적인 방어 행위가 아닙니다. 오히려 가장 적극적인 형태의 '전투준비'입니다. 기상과 계절, 지형에 따른 다양한 위협을 미리 읽어 내고 준비하는 것은 초급 간부의 숙명입니다. 리더가 할 수 있는 모든 방법을 강구하여 위험을 낮추고, 그 이후의 영역을 '감수할 수 있는 위험'으로 받아들일 때 비로소 진정한 지휘권이 확립됩니다.

2. 월별 사고 데이터 분석: 계절의 흐름 속에 숨겨진 위협의 지도

'월별 사고 및 자살 현황'과 '국방일보 사고 사례'를 정밀하게 분석해 보면, 우리 군의 사고는 계절의 변화와 매우 긴밀하게 맞물려 있음을 발견하게 됩니다.

먼저 만물이 소생하는 봄, 이른바 '꽃피는 3월'은 리더에게 가장 위험한 시기입니다. 역설적이게도 이 시기에 용사들의 정신 기강이 가장 많이 흐트러지기 때문입니다. 통계적으로 근무 이탈 사고가 일 년 중 가장 많이 발생하는 달이 바로 3월인데, 이는 용사들의 부대 적응 문제와 복무 염증이 최고조에 달하는 시점임을 시사합니다. 이어지는 4월과 5월은 전반기 군사훈련이 집중되면서 훈련장 내 폭발물 사고나 취급 부주의로 인한 인명 피해가 빈번하게 나타납니다.

무더운 여름철인 7월에서 9월 사이에는 빗길 교통사고가 전체의 약 40%를 차지한다는 통계에 주목해야 합니다. 휴가철 들뜬 마음과 젖은 노면이 결합하여 발생하는 비극입니다. 또한 10월은 연중 가장 많은 훈련과 전투력 평가가 몰려 있어 총기 오발 사고가 가장 빈번한 달로 기록되어 있습니다. 11월에 접어들면 실내 생활 비중이 늘어나면서 병영생활 주변의 사소한 시비로 인한 폭행 사고가 급증하고, 12월부터는 급격한 기온 변화에 따른 '블랙아이스' 교통사고와 화재 사고가 리더의 숨통을 조여옵니다. 1월과 2월의 혹한기 훈련 시기에는 지침 미이행으로 인한 동상과 화기 부주의 사고가 집중됩니다. 이러한 데이터는 초급 간부에게 '언제, 무엇을, 어떻게' 대비해야 하는지를 알려주는 가장 정직한 이정표입니다.

3. 직접동기의 핵심: '목적'과 '성장 체험'의 공진화

우리는 이순신 장군의 '난중일기'에서 지독할 정도의 기록과 확인의 정신을 배워야 합니다. 장군은 전투 전날까지도 물길을 직접 확인하고 용사들의 식사 상태를 점검했습니다. 또한, 대한민국 과학자들과 기술자들이 나로호와 누리호를 우주로 쏘아 올리기 위해 수만 번의 시뮬레이션을 거치고 작은 볼트 하나까지 밤새워 점검했던 그 집요함이 우리 초급 간부들에게 절실히 필요합니다.

인공위성 발사는 단 하나의 사소한 결함도 허용하지 않는 완벽함의 산물입니다. 지형과 기상을 분석하여 발사 시점을 정하고, 모든 부품이 극한의 환경을 견딜 수 있는지 검증하는 과정은 우리 군의 부대관리와 맞닿아 있습니다. 기상 예보를 보고 단순히 "내일 비가 온다"고 인지하는 데서 멈추는 리더는 3인칭의 삶을 사는 것입니다. "비가 오면 우리 소대의 배수로는 견딜 수 있는가?", "빗길에 미끄러질 위험이 있는 순찰로는 어디인가?", "용사들의 전투화와 우의 상태는 양호한가?"를 끊임없이 질문하고 조치하는 것, 이것이 바로 목적지에 도달하기 위해 과정을 관리하는 진성리더의 모습입니다.

4. 환절기 건강과 병력관리: 사기를 결정짓는 세밀한 조망

'환절기 건강관리' 관련 문서들은 리더에게 병력관리가 얼마나 정교한 예술이어야 하는지를 가르쳐 줍니다. 일교차가 10도 이상 벌어지는 환절기에는 인체의 면역력이 급격히 저하됩니다. 이때 리더가 해야 할 일은 단순히 "아프지 마라"고 훈계하는 것이 아닙니다.

먼저 생활관의 환기 시스템을 점검해야 합니다. 겨울철 춥다는 이유로 창문을 닫아두면 실내 미생물과 미세먼지가 증식하여 호흡기 질환과 알레르기를 유발합니다. 또한 용사들에게 적절한 야외 활동을 권장하여 일조량을 확보함으로써 우울증의 악순환을 끊어 주어야 합니다. 운동 후의 스트레칭과 수분 섭취를 강조하고, 비타민이 풍부한 영양 식단을 챙기는 세심함이 필요합니다. 아픈 용사들이 많아지면 나머지 인원의 업무 강도가 높아지고, 이는 곧 부대 내 갈등과 안전사고로 이어지는 악순환을 낳습니다. 리더가 기상 변화에 따른 용사들의 컨디션을 예민하게 읽어 내고 선제적으로 조치할 때, 용사들은 리더의 유능함을 신뢰하며 비로소 자신의 잠재력을 군 복무라는 사명에 쏟아붓게 됩니다.

5. 간부의 임무: 장애물을 치우고 환경을 조성하라

결론적으로 초급 간부를 희망하는 여러분이 갖춰야 할 능력은 지형, 기상, 월별 지표라는 세 가지 축을 통합하여 부대 운영에 녹여내는 '조망의 힘'입니다. 지형과 기상은 잘 활용하면 승리의 우군이 되지만, 방치하면 사고의 근원지가 됩니다.

지휘의 눈, 승리의 설계도

여름철 태풍이 오기 전, 강풍에 날릴 위험이 있는 모든 결박 시설을 재확인하고 배수로를 미리 소통시키는 행위는 단순한 노역이 아니라 '전투력 보존' 행위입니다. 겨울철 블랙아이스 사고를 예방하기 위해 결빙 위험 구간에 미리 제설함을 배치하고 안전 운행 지침을 강조하는 것은 '소중한 생명을 지키는 일'입니다. 이러한 선제적 조치는 부대의 사기와 직결됩니다. 사고가 없는 부대는 훈련에 집중할 수 있고, 훈련을 통해 성취감을 맛본 용사들은 더 높은 수준의 자발적 동기를 갖게 됩니다.

　이순신 장군이 종이 위에 써 내려갔던 그 치열한 고뇌의 흔적들, 나로호 발사를 위해 땀 흘린 기술자들의 정밀함을 여러분의 부대관리 현장에 구현하십시오. 여러분이 흘린 선제적 조치의 땀방울이 용사들의 생명을 지키고 승리의 마중물이 될 것입니다. 할 수 있는 모든 방법을 강구하고 준비한 뒤에야 우리는 비로소 '하늘의 뜻'을 기다리는 당당한 리더가 될 수 있습니다.

당신이 바로 그 위대한 리더십의 전설입니다

1998년 겨울, 3사관학교의 차가운 연병장에서 생도로서 첫걸음을 뗐던 그날부터 2022년 여름 전역의 순간까지, 내 청춘은 대한민국 전후방의 산천과 그곳을 지키는 용사들의 거친 숨소리로 가득 차 있었습니다. 24년이라는 시간은 단순히 계급장이 바뀌고 직책이 변해 가는 과정이 아니었습니다. 그것은 매일같이 마주하는 부대원들과의 팽팽한 기싸움, 지휘관의 의중을 읽어 내야 하는 실무자로서의 고뇌, 그리고 군인이라는 엄격한 규율과 현장의 유연성 사이에서 길을 찾아 헤맸던 치열한 구도의 시간이었습니다.

나는 GOP와 해안연대 근무에서는 지형과 기상의 중요성을 배웠고, 특공부대에서는 체력적인 한계와 적지종심작전 임무 수행의 어려움을 경험하였습니다. 군단 작전처의 긴박한 일상 속에서 거시적인 눈을 배웠습니다. 누군가는 진급이라는 결과만을 두고 나의 군 생활을 평가할지도 모르겠습니다. 하지만 박사 과정을 거치며 학문의 렌즈로 지난 시간을 투영해 보았을 때, 단연코 내 삶은 실패가 아닌 '위대한 성장의 기록'이었다고 자부합니다.

이 책은 바로 그 성장의 기록이자, 내가 만난 수많은 인연에게 건네는 뒤늦은 고백입니다. 나는 칼 로저스가 말한 '실현경향성'을 군대라는 척박한 땅에서 증명하고 싶었습니다. 통제와 복종만이 전부인 줄 알았던 그곳에서, 용사들을 하나의 인격체로 대하고 그들의 잠재력을 믿어 주었을 때 부대가 어떻게 변화하는지를 목격했습니다. 내곡동 동원훈련 총기 사고라는 처절한 각성을 통해 '안전'과 '준비'가 결코 훈련의 방해물이 아니라, 오히려 실전적 전투력을 완성하는 가장 강력한 기초석임을 깨달았습니다.

특히 이 책을 쓰게 된 가장 큰 동력은 이화여자대학교 학군단에서 만난 61기부터 66기까지, 그리고 앞으로 만나게 될 자랑스러운 사관후보생들입니다. 지금을 사회적으로 병든 시대, 아픈 청년 세대라고들 말합니다. 하지만 내가 본 사관후보생들은 그 아픔 속에서도 조국을 수호하겠다는 숭고한 사명을 품고 일어선 강인한 영혼들이었습니다. 그들이 나를 교관으로 부르며 보여 주었던 그 초롱초롱한 눈망울과, 지독한 훈련 끝에 전국 108개 학군단 중 군사훈련 '종합 1위'를 달성하며 환호하던 그 순간의 벅찬 감동을 나는 잊지 못합니다. 그들은 내가 가르친 지식보다 내가 보여 준 진심에 반응해 주었습니다. 그들이 있었기에 나는 군을 떠나서도 여전히 '승리하는 교관'으로 남을 수 있었습니다. 그들이 장차 야전에서 용사들을 아끼고 지형과 기상을 다스리는 '진성리더'가 되어 준다면, 그것이야말로 나의 군 인생이 거두는 가장 큰 성공일 것입니다.

책의 마지막 장을 덮으며, 내 삶의 가장 든든한 제방이 되어 준 가족들에게 마음을 전합니다. 군인의 아내라는 이름으로 수십 번의 이사를 견디며 묵묵히 나의 길을 응원해 준 사랑하는 아내 최승희, 아버지의 부재가 많았던 시간 속에서도 늠름한 군 복무를 마치고 훌륭한 청년으로 성장해 준 아들 김영재, 그리고 존재 자체만으로도 아빠의 마중물이 되어 주는 예쁜 딸 김민서. 가족들의 희생과 사랑이 없었다면, 나는 전장에서의 외로움을 견뎌 내지 못했을 것입니다. 이 책은 가족들에게 바치는 24년치 훈장과도 같습니다.

미래의 리더를 꿈꾸는 여러분, 이제 여러분의 차례입니다. 군대는 단순히 시간을 죽이는 곳이 아니라, 여러분의 한계를 실험하고 새로운 나를 발견하는 '사회적 실험실'입니다. 지형을 암기하고 기상을 분석하십시오. 용사들의 아픔에 공감하고 그들의 동기를 깨우십시오. 리더는 어항 속의 물고기처럼 끊임없이 검증받는 존재이지만, 그 투명한 진정성이야말로 전장의 공포를 이기는 유일한 무기입니다.

여러분이 1인칭의 삶을 선택할 때, 여러분이 발을 딛고 선 그곳이 바로 승리의 격전지가 될 것입니다. 비록 어색하고 힘들지라도 퇴근하는 아버지를 먼저 안아 보았던 그 용기로, 여러분의 용사들을 품으십시오. 여러분의 선한 에너지는 결코 헛되지 않으며, 반드시 승리의 부메랑이 되어 돌아올 것입니다. 당신이 바로 대한민국 육군을 이끌 위대한 리더십의 전설입니다. 그 찬란한 여정을 진심으로 축복합니다.

종합 1위는 이유가 있다
(우수 실천 사례 공모전)

I. 서론

2024년 7월, 전국 108개 학군단이 참여한 하계입영훈련에서 이화여자대학교 학군단은 '종합 1위'라는 경이로운 성과를 거두었습니다. 이러한 결과는 단순한 군사적 기술 습득의 결과가 아니라, 사관후보생이라는 신분과 일반 대학생이라는 정체성 사이에서 고민하는 20대 청년들의 심리적 기저를 깊이 이해하고, 그들의 내적 동기를 자발적으로 끌어낸 '인간중심 훈육'의 값진 결실입니다.

현재의 학군후보생들은 일반적인 대학생들이 겪는 취업 스트레스와 더불어, 군 장교로서 마주하게 될 미래에 대한 막연한 불안감을 동시에 안고 살아가는 '이중고'의 상황에 놓여 있습니다. 동기들이 취업을 준비하는 모습을 보며 자신의 선택이 옳은지 끊임없이 자문하는 이들에게, 단순히 강압적인 훈련만으로는 진정한 성장을 기대하기 어렵습니다. 따라서 본 연구는 63기 후보생들이 스트레스 상황에서도 자신의 잠재력을 최대한 발휘할 수 있도록 지원한 교육 추진 과정과 그 구체적인 성과를 상세히 공유하고자 합니다.

II. 이론적 배경

본 실천 사례의 핵심적인 이론적 토대는 칼 로저스의 '인간중심 상담 이론(Person-Centered Therapy)'에 있습니다. 이 이론은 인간이 스스로를 이해하고 자신의 태도와 행동을 변화시킬 수 있는 방대한 자원을 내면에 이미 갖추고 있다는 '실현 경향성'을 기본 전제로 합니다. 교관이나 훈육관이 후보생들에게 진실성 있는 태도, 무조건적인 긍정적 존중, 그리고 깊은 공감적 이해를 제공할 때, 후보생들은 방어적인 태도를 내려놓고 스스로 변화하며 성장하려는 내적인 힘을 발휘하게 됩니다.

이와 더불어 중요하게 다루어진 개념은 '자기확신(Self-affirmation)'입니다. 이는 외부의 위협이나 스트레스 상황에서 개인의 심리적 안녕감을 유지해 주는 핵심 기제입니다. 자기확신이 강한 후보생은 어려운 훈련 상황에서도 자신을 위협과 분리하여 객관적으로 바라볼 수 있으며, 폐쇄적인 방어 기제를 작동시키는 대신 보다 개방적이고 유연하게 문제를 해결하는 능력을 보여 줍니다. 이러한 심리적 자원은 육군 리더십 모형(Warrior 모형)에서 강조하는 '사고의 민첩성' 및 '회복탄력성'과 맞닿아 있으며, 이를 통해 후보생들이 어떤 상황에서도 흔들리지 않는 정예 장교로 거듭날 수 있는 토대를 마련해 주었습니다.

III. 교육 방향 실천 내용과 추진 함의

훈련 성과를 극대화하기 위해 무엇보다 선행된 것은 63기 사관후보생들에 대한 정밀한 진단과 그에 따른 맞춤형 목표 설정이었습니다. 사관후보생 신조와 핵심 가치를 내면화하기 위해 실시한 사전 설문 분석 결과, 많은 후보생이 예상치 못한 상황이나 불확실한 정보에 직면했을 때 상당한 심리적 동요와 분노를 느끼고 있음을 식별했습니다. 즉, 상황을 유연하게 받아들이는 '심리적 유연성'이 다소 부족한 상태였습니다.

이러한 진단을 바탕으로, 나는 "상황에 대한 유연성을 갖추고, 자신이 가진 것을 동료들과 나눌 줄 알며, 자신의 부족함을 솔직하게 인정하고 도움을 요청할 줄 아는 후보생"을 교육의 최종 목표로 수립하였습니다. 이는 육군 리더십의 핵심 요소인 공감, 소통, 영향력 발휘를 실전적으로 구현하기 위한 방향 설정이었습니다.

이를 구체화하기 위해 교내 교육 단계에서는 '미러링(Mirroring)'과 '모델링(Modeling)' 기법을 적극 활용했습니다. 군의 전통적인 복명복창과 임무형 지휘 개념을 인간관계의 심리적 연결 도구로 재해석하여, 후보생들이 서로의 마음을 비추고 배우는 환경을 조성했습니다. 또한 '버크만 진단'과 '솔라리움 사진카드'와 같은 도구를 활용해 후보생들이 자신의 내면을 객관적으로 들여다보게 함으로써, 교관과 후보생 사이에 깊은 정서적 유대감과 지지망을 형성했습니다.

특히 강의실을 벗어난 참여형 교육은 큰 효과를 거두었습니다. 안산

지휘의 눈, 승리의 설계도

에서의 독도법 실습이나 학군단 건물을 활용한 분대 전술 훈련에서 후보생들에게 최대한의 자율성을 부여했습니다. 해외 문화탐방 시에도 후보생들이 직접 일정을 설계하고 변수에 대응하게 함으로써, 이론으로만 배우는 '유연성'이 아닌 실전에서 발휘되는 '사고의 민첩성'을 체득하도록 유도했습니다.

IV. 결론

이번 하계입영훈련에서 거둔 전국 108개 학군단 중 종합 1위라는 성적은, 후보생 개개인이 가진 '실현 경향성'이 최적의 교육 환경을 만났을 때 얼마나 강력한 에너지를 발산하는지를 증명한 사례입니다. 교육을 마무리하며 얻은 결론과 향후 과제는 다음과 같습니다.

첫째, 리더의 무조건적인 긍정적 존중과 믿음이 있을 때 후보생들은 비로소 자발적인 동기를 드러냅니다. 강요된 훈련이 아니라 스스로 설정한 목표를 향해 나아갈 때, 후보생들은 극한의 스트레스 상황에서도 지치지 않는 열정을 보여 주었습니다. 이는 군의 지휘훈육이 성과 위주에서 사람 중심의 접근으로 전환되어야 함을 시사합니다.

둘째, 완벽주의적 사고에서 벗어난 '유연성'의 가치를 재확인했습니다. 후보생들은 정답만을 찾으려던 태도에서 벗어나 상황의 변화를 수용하고 그 안에서 최선의 대안을 찾는 리더로 성장했습니다. 특히 전국 단위로 혼합 편성된 낯선 환경에서도 우리 후보생들이 동기들에게 지식을 나누고 팀워크를 주도하며 발휘한 '선한 영향력'은 종합 우승의 결정적인 원동력이 되었습니다.

다만, 자신의 취약성을 있는 그대로 인정하고 동료나 상급자에게 도움을 요청하는 부분에 대해서는 여전히 심리적 장벽이 존재함을 확인했습니다. 이는 향후 65기 후보생 교육에서 중점적으로 보완해야 할 과제입니다. 앞으로도 성과 중심의 군대 문화를 넘어, 인간의 존엄성과 성장을 바탕으로 하는 '사람 지향적' 접근법을 지속적으로 연구하고 실천할 것입니다. 학군단 간부들이 후보생을 '믿음과 공감'으로 대할 때, 우리 군의 미래는 더욱 밝아질 것이라 확신합니다.

긍정적인 변화를 일으키는 힘, '태도'

1. 관계의 위기와 공감 능력의 상실

최근 방송가에서는 예능과 드라마를 불문하고 '이혼'이라는 소재가 흥행의 핵심 키워드로 자리 잡았습니다. 〈우리 이혼했어요〉, 〈결혼지옥〉, 〈이혼숙려캠프〉와 같은 프로그램부터 드라마 〈굿파트너〉에 이르기까지, 대중은 타인의 갈등과 결별 과정에 주목하고 있습니다. 2024년 통계청의 인구동향 보도자료에 따르면, 현재 대한민국에서는 혼인 부부 약 2.38쌍 중 한 부부가 이혼을 경험하고 있는 것으로 나타났습니다.

특히 주목해야 할 점은 이혼 사유 중 '성격 차이'가 43.1%로 압도적인 1위를 차지하고 있다는 사실입니다. 이는 우리 사회 구성원들 사이에서 상대방의 내면을 들여다보고 이해하려는 공감 능력이 절대적으로 부족해졌음을 시사합니다. 이러한 현상은 단순히 부부 관계에만 국한되지 않습니다. 학교에서는 교사와 학생 간에, 군대에서는 다양한 신분과 계층 간에 공감의 벽이 생기고 있으며, 이는 조직의 근간을 흔드는 심각한 사회적 문제로 대두되고 있습니다.

2. 변화하는 병역 환경과 위기의 청소년들

현재 우리 군은 병력 수급의 어려움을 해결하기 위해 현역 판정 기준을 대폭 확대하는 법령 개정을 시행했습니다. 이로 인해 과거라면 보충역이나 면제 판정을 받았을 인원들까지 현역으로 입대하게 되면서, 현역 판정률은 사상 최고치를 기록할 것으로 보입니다. 그러나 실상은 우려스럽습니다. 2020년부터 2022년 사이 입대 후 부적응 등으로 인해 귀가 조치된 인원이 연평균 6,146명에 달하며, 이들 중 절반 이상이 정신과적 혹은 외과적 요인에 기인하고 있기 때문입니다.

조만간 우리 군의 주축이 될 청소년들의 심리 상태 역시 위태롭습니다. 2024년 청소년 통계에 따르면 중·고등학생의 스트레스 인지율은 41.3%로 조사되어 10명 중 4명 이상이 평상시에 심각한 스트레스를 느끼고 있으며, 최근 1년 내 우울감을 경험한 비율도 28.7%에 달합니다. 특히 청소년 상담 유형 중 정신건강과 대인관계 문제가 가장 높은 비중을 차지한다는 사실은, 장차 입대할 신병들이 정서적 불안정성이라는 무거운 짐을 진 채 군문에 들어서게 될 것임을 예고합니다.

3. 심층 분석
: 군 드라마 〈신병〉을 통해 본 조직 내 성격장애와 갈등 양상

조직 내에서 발생하는 상식 밖의 갈등과 부적응 문제를 깊이 있게 이해하기 위해, 군 생활을 사실적으로 묘사한 드라마 〈신병〉 속 캐릭터들을 심리학적 관점에서 분석해 볼 필요가 있습니다. 이 드라마에는 우리 주변에서 흔히 볼 수 있는 성격장애의 전형적인 모습들이 투영되어 있습니다.

먼저 반사회성 성격장애를 가진 강찬석 상병과 성윤모 이병의 사례입니다. 반사회성 성격장애의 특징은 타인의 권리와 감정을 철저히 무시하고 자신의 이득만을 위해 행동하며, 이에 대한 양심의 가책이 결여되어 있다는 점입니다. 강찬석 상병은 자신의 공격 욕구를 통제하지 못하고 외적으로 폭력성을 노골적으로 표출하는 유형인 반면, 성윤모 이병은 겉으로는 무해해 보이지만 의도적으로 타인을 조종하고 체제에 기생하며 자신의 편의를 도모하는 '수동-기생적' 성향을 보입니다. 이들은 공통적으로 일을 시작하기 전 안정성이나 미래를 고려하지 않는 충동성을 보이며, 흥분 상태에서 자신을 진정시키지 못하는 정서적 통제 결함을 가지고 있습니다.

또 다른 인물인 박민석 이병은 의존성 성격장애의 전형을 보여 줍니다. 그는 자기 확신과 자신감이 극도로 부족하여 항상 누군가 곁에서 자신을 도와주어야 한다는 강박적인 필요를 느낍니다. 대인관계에서는 타인에게 버림받거나 혼자 남겨지는 것에 대한 깊은 두려움과 열등

감을 내재하고 있으며, 이를 감추기 위해 과도하게 수동적이고 복종적인 태도를 취합니다. 겉으로는 온정 있고 협조적인 인물로 보일 수 있지만, 사실은 분노나 적개심 같은 부정적인 감정을 적절히 표출하지 못하고 내면에 숨기고 있는 것입니다. 이러한 의존적 성향은 조직 내에서 책임 있는 자리를 회피하게 만들고, 자신의 개성과 자율성을 포기함으로써 결국 깊은 내면의 갈등을 겪게 합니다.

4. 변화를 유도하는 심리학적 기제: 호손 효과와 인간중심 태도의 힘

그렇다면 이처럼 복잡하고 어려운 성격적 특성을 가진 구성원들을 어떻게 변화시키고 긍정적인 방향으로 이끌 수 있을까요? 심리학과 경영학의 역사적 실험들은 그 해답이 관리자나 리더의 '태도'에 있음을 분명히 말해 주고 있습니다.

첫 번째 열쇠는 '호손 효과(Hawthorne effect)'에서 찾을 수 있습니다. 1920년대 진행된 호손 실험의 원래 목적은 조명 밝기와 같은 물리적 환경이 생산성에 미치는 영향을 측정하는 것이었습니다. 그러나 연구 결과, 생산성을 높인 결정적인 요인은 환경의 개선이 아니라 실험 과정에서 연구자들이 피실험자들에게 보여 준 따뜻한 호의와 관심이었다는 사실이 밝혀졌습니다. 즉, 상급자가 구성원을 단순한 관리의 대상이 아닌 존중받아야 할 인간으로 대하고 깊은 관심을 기울일 때, 그들의 내면에 잠들어 있던 성취 동기가 비로소 깨어난다는 것입니다.

지휘의 눈, 승리의 설계도

두 번째 열쇠는 칼 로저스가 창시한 '인간중심 상담'의 원리입니다. 로저스는 인간이 스스로를 변화시킬 수 있는 방대한 자원을 내면에 이미 갖추고 있으며, 적절한 심리적 토양이 제공되기만 하면 그 자원을 일깨워 성장할 수 있다고 믿었습니다. 리더나 교육자가 구성원을 돕기 위해 갖추어야 할 필수적인 태도는 다음의 세 가지입니다.

먼저 '일치성 또는 진실성'입니다. 이는 리더가 꾸며진 모습이 아니라 자신의 감정을 솔직하게 있는 그대로 소유하고 표현하며 구성원을 대하는 태도를 말합니다. 다음은 '무조건적 긍정적 존중'입니다. 상대방의 생각이나 행동에 대해 성급한 판단이나 평가를 내리지 않고, 있는 그대로의 모습을 따뜻하게 돌보는 순수한 수용을 의미합니다. 마지막으로 가장 중요한 '공감적 이해'입니다. 이는 상대방의 내면에서 일어나고 있는 혼란, 분노, 아픔과 같은 감정의 변화에 순간순간 민감하게 반응하며, 마치 자신이 상대방의 세계에 직접 들어간 것처럼 그들의 마음을 깊이 이해해 주는 것입니다.

실제로 이러한 태도의 힘은 다양한 연구를 통해 증명되었습니다. 데이빗 애스피 박사는 교사가 학생의 은밀한 세계를 존중하고 진실한 태도로 대할 때 학생들의 학습 효과가 비약적으로 향상된다는 사실을 밝혀냈습니다. 또한 양재원 박사의 2023년 연구에 따르면, 중년 부부 사이의 인지적·정서적 공감 능력이 서로의 위기감을 극복하고 성공적인 노후를 준비하는 데 결정적인 역할을 하는 것으로 확인되었습니다. 이처럼 리더의 태도와 구성원의 자기 개념에서 내면적 변화가 시작될 때, 비로소 대인관계와 행동의 긍정적인 변화가 가시적으로 드러나기 시작합니다.

5. 결론: 더 나은 내일을 위한 리더의 견지

우리는 현재 무한 경쟁과 승자 독식의 가치관이 지배하는 사회, 그리고 부모의 과잉보호 속에서 자라난 세대들이 군의 주역이 되는 시대를 살고 있습니다. 이러한 환경 속에서 용사를 이끄는 초급 간부나 예비군 지휘관들이 견지해야 할 답은 명확합니다.

상대방을 가치 있는 존재로 존중해 주고, 그들이 충분히 이해받고 있다고 느끼게 해 주는 신뢰의 태도를 보여 주는 것입니다. 이러한 태도의 변화는 결코 쉬운 일은 아닙니다. 그러나 우리가 타인을 향해 따뜻한 공감의 손길을 내밀 때, 우리 조직은 더 건강해지고 구성원들은 스스로 성장의 길을 찾게 될 것입니다. 이는 군대라는 조직을 넘어 아내와 남편, 선생님과 학생 등 우리 삶의 모든 관계를 의미 있게 만드는 가장 소중한 첫걸음이 될 것이라 확신합니다.

전투원으로서 기능 발휘는 이해와 수용에서부터…

I. 서론: 축복받지 못한 탄생도 소중한 우리 군의 전투원이다

유럽의 저명한 인구 전문가인 로랑 툴몽(Laurent Toulemon) 프랑스 국립인구연구소 실장은 한국의 저출산 문제 해결을 위한 핵심 과제로 '가족 제도의 유연한 운영'을 꼽은 바 있습니다. 그는 비혼 가정 등 다양한 가족 형태를 사회적으로 받아들이고 정책적 지원을 제공하는 국가일수록 출산율이 높다는 연구 결과를 제시하며, 한국 사회의 경직된 인식을 지적했습니다. 실제로 최근 우리 사회는 '정우성과 문가비의 혼외자 논란'을 통해 이러한 변화의 물결 한가운데 서게 되었습니다. 대통령실에서도 모든 생명이 차별 없이 건강하게 자랄 수 있도록 정부 차원의 지원을 계속 살펴볼 것이라는 브리핑을 내놓을 만큼, 이제 비혼 출산과 다양한 가족 형태는 피할 수 없는 사회적 담론이 되었습니다.

통계청의 2023년 출생 통계에 따르면 혼인 외 출생아는 전체의 4.7%인 1만 900명에 달하며, 특히 20대 응답자의 85.6%가 결혼하지 않고도 자녀를 가질 수 있다는 긍정적인 인식을 가지고 있습니다. 이는 불과 10년 전과 비교해도 비약적인 증가 수치입니다. 이처럼 혼인 외 출생 자녀의 추세는 앞으로 더욱 높아질 것이 명약관화하며, 이들은 성인이 되어 우리 군의 초급 간부와 예비군 지휘관이 마주하게 될 실전적인 '전투원'이 될 것입니다. 우리는 이제 단순히 비혼 자녀뿐만 아니라, 우리 사회의 다양한 사각지대에서 태어나 성장한 모든 청년을 온전한 우리 군의 일원이자 전우로 받아들일 준비를 서둘러야 합니다.

II. 본론: 그들을 이해하고 수용하기 위한 현실의 직시

우리 군의 전투력을 구성하게 될 자원들은 이미 다문화와 북한 이탈 주민 등 그 배경이 급격히 다변화되고 있습니다. 2022년 기준 국내 학교에 재학 중인 다문화 가정 학생은 약 16만 8천 명으로 전체 학생의 3.2%를 차지하고 있으며, 이는 매우 빠른 증가 추세입니다. 병역법 개정에 따라 이들도 대한민국 국적자로서 당당히 입대하고 있으며, 2030년에는 입영 장병 20명 중 1명이 다문화 가정 출신일 것이라는 전망이 나옵니다. 또한 3만 4천 명을 넘어선 탈북민 가정의 자녀들 역시 군의 중요한 전투원으로 합류하고 있습니다.

하지만 우리가 이들을 온전한 전투원으로 관리하기 위해서는 그들이 성장 과정에서 겪어 온 삶의 굴곡을 먼저 이해해야 합니다. 한부모 혹은 혼외 자녀의 경우, 부모의 경제적 책임과 물리적 시간 부족으로 인해 긍정적인 활동에 참여할 기회가 적고 부모와의 애착 형성에 어려움을 겪는 경우가 많습니다. 이들은 스스로를 경제적으로 결핍되었다고 인식하거나 또래 집단에서의 부적응을 경험하기도 합니다. 영화 '크루엘라'의 주인공 에스텔라가 태어날 때부터 특이한 외모와 한부모 가정이라는 환경 때문에 주변의 동정 섞인 편견을 견뎌야 했던 것처럼, 이들 역시 우리 사회의 보이지 않는 차별 속에서 자라 왔습니다.

다문화 가정 자녀들 또한 언어 발달의 지연이나 학교생활에서의 의사소통 문제로 인해 학습에 큰 어려움을 겪으며, 주류 문화 사이에서 자신의 정체성을 고민하는 문화적 혼란을 경험합니다. 외모나 배경 때문에 겪는 차별적 대우는 정서적 고립과 낮은 자아존중감으로 이어져 사회 적응을 방해하는 요소가 됩니다. 탈북민 자녀들의 현실도 다르지 않습니다. 이들 중 상당수는 한국 사회 정착 후에도 말투나 문화적 차이 때문에 차별과 무시를 당하고 있으며, 20% 이상은 경제적 어려움으로 인해 통신비나 보험료조차 제때 내지 못하는 실정입니다. 특히 '북한 출신'이라는 꼬리표가 주는 사회적 배제 때문에 절반 이상이 자신의 출신을 숨기고 싶어 한다는 사실은 우리가 이들에게 어떤 벽을 쌓고 있는지를 적나라하게 보여 줍니다.

III. 심층 분석: 존재 자체를 수용하는 리더십의 가치

조직 내에서 이들이 가진 기능을 온전히 발휘하게 만드는 열쇠는 리더의 '태도'에 있습니다. 사회학자 힐리(Healey)는 편견을 근거 없는 믿음이나 이 비이성적인 태도로, 차별을 불평등한 대우 행위로 정의했습니다. 이러한 편견의 장벽을 허무는 리더십의 전형은 실화를 바탕으로 한 영화 〈히든 피겨스〉의 알 해리슨 부장에게서 찾을 수 있습니다. 그는 나사(NASA)라는 거대 조직 안에서도 인종이나 성별이라는 낡은 틀에 갇히지 않았습니다. 유색 인종 화장실 표지판을 직접 부수며 "나사에선 모든 사람의 오줌 색깔은 똑같다"고 선언한 그의 행동은, 오직 실력과 가치관만으로 사람을 대하겠다는 강한 의지의 표현이었습니다.

우리의 초급 간부들과 예비군 지휘관들 역시 자신에게 전입 온 용사를 이러한 수용적인 태도로 맞이해야 합니다. 차별과 편견에 익숙해진 용사에게 리더가 보여 주어야 할 모습은 크게 세 가지로 요약됩니다. 첫째는 리더 스스로 자신의 감정을 꾸밈없이 소유하며 용사를 대하는 '진실성'이며, 둘째는 장병의 과거 환경이나 배경을 판단하지 않고 한 인간으로서 존중하는 '무조건적 긍정적 존중'입니다. 마지막으로 용사가 겪어온 주관적인 세계와 아픔을 마치 자신의 것처럼 깊이 있게 이해하려 노력하는 '공감적 이해'가 필요합니다. 리더가 대화 간에 이러한 공감적 태도를 유지하고 분위기를 조성해 줄 때, 용사는 비로소 자신이 안전하게 수용되고 있음을 느끼며 변화하기 시작합니다.

지휘의 눈, 승리의 설계도

IV. 결론: 차별 없는 신뢰가 정예 강군을 만든다

결론적으로, 차별과 편견은 전투원의 기능을 마비시키는 독소와 같으며, 리더의 무조건적인 존중만이 그들의 기능을 온전히 회복시키는 마중물이 됩니다. 초급 간부와 예비군 지휘관이 전입 온 용사를 단순한 관리 대상이 아닌 '존엄한 존재'로 대할 때, 그 용사는 "나의 용기에는 편견이 없고, 나의 강인함에는 차별이 없다"는 확신을 가지게 될 것입니다. 이러한 마인드셋으로 무장한 용사야말로 '지금-여기'에서 자신의 임무를 훌륭히 수행하는 진정한 전투원이 됩니다.

우리가 사회적 약자인 혼외 자녀, 다문화 가정 자녀, 탈북민 자녀들을 깊이 이해하고 수용하는 자세를 갖추는 것은 결코 리더의 선택 사항이 아닙니다. 그것은 전쟁 억제에 기여하고 지상전에서 승리하는 정예 강군을 육성하기 위한 '막대한 시대적 사명'입니다. 리더가 편견의 표지판을 빠루로 떼어 버리는 용기를 보여 줄 때, 우리 군은 비로소 모든 구성원이 한마음으로 뭉치는 무적의 군대가 될 것입니다. 사회의 낮은 곳에서 온 이들이 군의 중심에서 빛을 발할 수 있도록 지지하고 격려하는 것, 그것이 바로 우리 시대 리더들에게 요구되는 가장 숭고한 역할이라 확신합니다.

졸업, 임관을 준비하는
63기 사관후보생의 불안을 어떻게 하지

1. 삶은 불안의 연속이자, 익숙해짐의 연속이다

불안의 일반적인 사전적 의미는 "걱정이 되어 마음이 편하지 않음"입니다. 지금 졸업과 임관을 코앞에 둔 63기 사관후보생들의 마음이 아마 이와 같을 것입니다. 후보생들은 지금 이 불안에 대해 누구와 대화를 나누고 있습니까? 야전에서 임무 수행 중인 선배들입니까, 아니면 이미 군 생활을 경험한 친구들이나 학군단 동기들입니까?.

우리의 삶을 시간적 연속성 위에서 돌이켜 보면, 새 학기 첫 등교 날이나 육군학생군사학교에서의 기초군사훈련처럼 모든 '처음'에는 늘 설렘과 동시에 낯선 환경에 대한 불안과 긴장이 있었습니다. 하지만 시간이 흐르며 우리는 그 환경에 적응하고 결국 '익숙해짐'을 경험해 왔습니다.

우리는 흔히 불안을 빨리 떨쳐 내고 싶어 단계를 건너뛰려 하지만, 진정한 성장은 단계를 밟아 가는 과정에서 옵니다. 두 다리 없이 입양되어 의사로부터 걷지 못할 것이라는 진단을 받았던 김세진 군은 매일 넘어지는 재활 연습을 통해 '잘 넘어지는 방법'을 먼저 터득했습니다. 결국 그는 스스로 걷게 되었고, 로키산맥(3,870m) 등반과 10km 마라톤 완주라는 기적을 일궈 냈습니다. 이처럼 우리 역시 단계를 밟아 가는 과정을 통해 불안을 익숙함으로 바꾸는 지혜를 배워야 합니다.

2. 미래를 맞히는 예언보다 과거를 살피는 반면교사가 불안을 줄인다

최고 시청률 30.1%를 기록한 드라마 '재벌집 막내아들'은 미래를 알고 있는 주인공이 과거로 회귀해 엄청난 부를 쌓는 판타지를 보여 줍니다. 하지만 미래를 미리 알고 있다고 해서 주인공이 오직 행복하기만 했을까요? 그는 여전히 분노, 슬픔, 좌절을 경험하며 살아갑니다. 1996년 박찬호 선수의 경기를 재방송으로 보며 결과를 미리 알고 있던 친구가 긴박한 순간에도 편안했던 것처럼, 결과를 안다는 것은 긴장감을 없앨 수는 있지만 삶의 생동감을 허무하게 만들기도 합니다.

역사적으로 태종 이방원이 금지했던 도참설이나 1992년의 휴거 소동, 노스트라다무스의 지구 멸망 예언 등 미래를 짐작하려 했던 시도들은 오히려 사회적 불안을 증폭시켰습니다. 반면, 과거의 집중호우 피해를 교훈 삼아 전담 관리자를 배치하거나 차수판을 설치하는 '반면교사(反面敎師)'의 자세는 실질적인 사고의 고리를 끊고 불안을 감소시킵니다. 즉, 불안을 줄이는 길은 막연한 미래를 점치는 것이 아니라 과거의 경험을 통해 오늘을 철저히 준비하는 데 있습니다.

3. 영화 〈플래툰〉이 주는 교훈: 능력보다 중요한 것은 관계다

영화 〈플래툰〉은 부유한 명문대생 크리스 테일러가 월남전에 자원 입대하며 겪는 잔혹한 참상을 생생하게 묘사합니다. 이 영화에서 특히 주목할 인물은 울프 중위입니다. 그는 경험 많은 부소대장 반즈에게 무시당하고 소대원들에게조차 허수아비 취급을 받습니다. 결정적인 순간 화력 요청조차 제대로 못 해 오인 포격을 초래하고, 민간인 학살을 묵인하는 비겁한 모습까지 보입니다.

경험이 부족한 초급 간부에게 완벽한 지휘를 요구하는 것은 무리일 수 있습니다. 그러나 우리가 준비해야 할 것은 분명합니다. 바로 소대원과의 '관계 정립'입니다. 만약 울프 중위가 소대원들과 인간적인 신뢰 관계를 먼저 쌓았더라면, 그는 전장에서 외면당하는 허수아비가 아니라 생사를 함께하는 진정한 전우가 되었을 것입니다.

4. 관계의 기본은 태도다: 배우려는 자세가 신뢰를 만든다

논어의 '안연편'에서 공자는 국가 경영의 핵심으로 '무신불립(無信不立)', 즉 신뢰가 없으면 바로 설 수 없음을 강조했습니다. 성경과 아리스토텔레스 역시 사랑과 믿음이 인간의 삶을 지탱하는 강력한 힘이라고 말합니다. 소대장과 소대원이 신뢰와 사랑으로 묶인다면, 리더가 억지로 권위를 세우려 하지 않아도 소대원들이 먼저 그 권위를 세워주고 경험을 나누어 줄 것입니다.

드라마 〈응답하라 1994〉에서 고참은 신병 해태에게 이렇게 조언합니다. "대학은 네가 제일 좋은 데 다녔어도 경험으로 따지면 네가 여기서 제일 모자라. 군대 계급은 올라갈수록 더 훌륭하다는 뜻이 아니라 더 많이 알고 있다는 뜻이다. 그러니 부지런히 배워라."

임관을 앞두고 불안해하는 63기 후보생 여러분, 야전에서는 여러분이 가장 모자란 것이 당연합니다. 소대원에게 배우고, 인접 소대장과 중대장에게 늘 열심히 배우십시오. 그 '배우려는 태도'야말로 소대원에게 다가가는 첫 단추이며, 그들을 여러분에게 다가오게 만드는 마법입니다. 다가가고 다가옴의 경험이 신뢰와 사랑으로 확장될 때, 여러분은 〈플래툰〉의 울프 중위가 아닌 〈밴드 오브 브라더스〉의 윈터스 소대장과 같은 리더가 될 것입니다.

지난 2년간 학군단에서 배운 모든 것을 곱씹으며 여러분이 불안에서 해방되기를, 교관은 늘 기도로 지원하겠습니다.

폭염 속 함께하는 입영훈련
: 65기 사관후보생에게 보내는 격려

기상청의 3분기 기후 예측에 따르면, 우리나라 부근의 고기압성 순환 강화로 인해 기온이 크게 상승할 전망입니다. 우리 군 역시 안전한 혹서기 부대 활동을 위해 탄력적인 교육훈련에 전력을 기울이고 있습니다. 이러한 상황 속에서 이화여자대학교 학군사관후보생 65기는 7월 28일부터 8월 22일까지 4주간의 하계입영훈련을 앞두고 있습니다.

이화여대 65기 담임교관으로서, 힘든 훈련을 마주할 전국의 모든 65기 후보생에게 세 가지 태도에 대해 이야기하고 싶습니다.

1. 전우애의 핵심, '신뢰'를 쌓는 시간

전장에서 전투원 간의 신뢰가 임무 성공의 성패를 가른다는 사실은 아무리 강조해도 지나치지 않습니다. 후보생들은 28일 동안 기상부터 취침까지, 그리고 하루 세 끼의 식사마저도 동기들과 같은 장소에서

지휘의 눈, 승리의 설계도

같은 메뉴로 함께하게 됩니다. 이 밀도 높은 시간 속에서 서로를 믿고 의지하는 법을 배우길 바랍니다. 이는 나중에 임관하여 마주할 용사들과의 관계에서 신뢰를 쌓는 방법을 고민하는 소중한 밑거름이 될 것입니다.

2. 고통을 기꺼이 받아들이는 '용기'

이번 하계입영훈련 기간 겪게 될 더위와 불편함을 피하지 말고 기꺼이 경험해 보십시오. 스트레스 환경을 온전하게 경험하고 포용해 보는 과정은 야전과 전장의 극한 상황을 견디는 역량을 키워 줍니다. 실제 전장 경험을 가진 지휘관들은 평범한 일상의 가치를 누구보다 깊이 감사한다고 합니다. 역경과 박탈의 시간을 겪어낸 한 달 뒤, 여러분은 스스로의 마음이 한층 더 강해지고 타인에 대한 공감 능력이 깊어졌음을 발견하게 될 것입니다.

3. 삶의 이정표가 될 '훈련의 가치'

드라마 〈미지의 서울〉의 대사처럼, 28일간의 훈련이 "다 헛짓이 아니었네"라고 당당히 말할 수 있는 후보생들이 되었으면 합니다. 제2차 세계대전의 영웅인 〈밴드 오브 브라더스〉의 윈터스 소대장이나, 조류 충

돌 위기에서 전원을 구출한 〈허드슨강의 기적〉의 설렌버거 기장은 모두 다년간의 고된 훈련과 경험을 통해 영웅이 되었습니다. 훗날 여러분이 이 뜨거운 무더위 속 훈련을 인생의 진정한 '터닝포인트(Turning Point)'였다고 누군가에게 추억할 수 있기를 바랍니다.

학군단 마지막 교내 교육 시간, 한 후보생은 "완전군장을 혼자 번쩍 들고 행군하는 이의 뒷모습이 얼마나 아름다운가"라는 글을 남겼습니다. 저는 담임 교관으로서 "메지 않아도 되는 완전군장을 기꺼이 메고자 하는 그 태도가 얼마나 아름다운가"라며 깊은 지지를 보냈습니다.

이는 비단 한 사람의 후보생이 아닌, 지금 이 순간에도 완전군장을 메고 훈련에 임하는 전국의 모든 65기 사관후보생에게 보내는 저의 진심 어린 응원입니다.

지휘의 눈, 승리의 설계도

무너진 이란의 성벽,
그리고 '민신(民信)'이라는 필승의 보루

이란은 인류 역사상 가장 찬란했던 페르시아 제국의 후예라는 거대한 자부심 위에 서 있는 국가입니다. 1979년 이슬람 혁명 이후, 그들은 '신의 대리인'이 다스리는 신권 통치 체제를 구축하며 서방의 압박 속에서도 독자적인 생존을 도모해 왔습니다. 하지만 최근 이란 내부에서 들려오는 비명은 외부의 적보다 내부의 균열이 얼마나 치명적인지를 보여 줍니다.

현재 이란의 기득권층인 성직자 엘리트와 혁명수비대는 국가 자산의 상당수를 독점하며 자신들만의 성을 쌓았습니다. 반면, 높은 교육 수준을 가진 젊은 세대와 여성들은 히잡 뒤에 숨겨진 억압과 경제적 빈곤에 신음하고 있습니다. 기득권은 '체제 수호'라는 명분으로 국민의 정당한 원함을 '불온한 선동'으로 치부하며 폭력적으로 진압해 왔습니다. 이러한 '민심과의 단절'은 결국 국가라는 유기체를 지탱하는 가장 소중한 혈관인 '신뢰'를 끊어 버렸습니다. 외부의 침공 이전에 이란은 이미 내부에서부터 무너져 내리고 있었던 것입니다.

1. 과정을 잃어버린 성과주의, 그 치명적인 함정

이란의 군사 전략은 전 세계를 놀라게 할 만큼 위협적이었습니다. 그들은 수천 발의 탄도 미사일을 지하 벙커에 숨겼고, 중동 전역에 '저항의 축'이라 불리는 대리 세력을 심어 놓았습니다. 외형적으로만 보면 이란은 무적의 요새처럼 보였습니다. 하지만 이들은 결정적인 오류를 범했습니다. 바로 '과정을 무시한 결과 중심주의'입니다.

강력한 국방력(足兵)을 갖추는 과정에서 국민의 먹거리(足食)를 희생시켰고, 체제의 안정을 지키는 과정에서 국민의 인권과 자율성을 짓밟았습니다. 리더가 성과에만 집착하여 부하와 국민을 '도구'로 여길 때, 그 조직은 겉으로는 강해 보일지언정 속은 텅 빈 강정이 됩니다. 최근 이란의 최고 지도부 위치가 실시간으로 노출되어 정밀 타격을 당한 배경에는, 국가를 등진 내부 조력자들의 암묵적 가담이 있었다는 분석이 지배적입니다. 이는 리더가 국민의 신뢰를 잃었을 때, 그가 가진 모든 첨단 무기는 고철 덩어리에 불과함을 시사합니다.

우리 군의 초급 간부들이 경계해야 할 지점도 바로 여기입니다. 부대 운영의 성과와 평가에만 매몰되어 용사들의 인격과 고충을 '과정'이라는 이름으로 무시한다면, 그 부대는 정작 실제 전투 상황에서 서로의 등을 지켜 주지 않는 유령 부대가 될 것입니다.

지휘의 눈, 승리의 설계도

2. 논어 안연(顏淵) 편의 지혜와 홀푸드의 기적: 신뢰의 자본화

공자는 국가를 지탱하는 세 가지 기둥 중 가장 마지막까지 지켜야 할 것으로 '민신(民信)'을 꼽았습니다. "백성의 신뢰가 없으면 국가는 바로 설 수 없다(民無信不立)"는 말은 수천 년이 지난 지금도 변하지 않는 안보의 진리입니다. 이 '신뢰'라는 보이지 않는 자본이 위기 순간에 어떻게 물리적 힘으로 변환되는지는 1981년 텍사스 홍수 당시 홀푸드 마켓(Whole Foods Market)의 사례에서 극명하게 나타납니다.

창업자 존 맥키가 평소 실천해 온 '인간 존중'과 '지역사회 헌신'은 파산 위기 앞에서 기적의 원천이 되었습니다. 홍수로 모든 설비가 마비되었을 때, 월급도 기약 없는 직원들이 진흙더미 속으로 먼저 뛰어들었고, 고객들은 매장을 청소하며 납품업자들은 외상으로 물건을 대주었습니다. 은행조차 담보 없이 대출을 확대하게 만든 힘은 바로 그동안 쌓아 온 '신뢰'였습니다.

이를 우리 군에 대입해 봅시다. 평소 리더가 용사들을 진심으로 아끼고 그들의 고충을 해결하려 행동했을 때, 용사들은 리더를 위해 목숨을 걸고 전투에 임합니다. '신뢰'는 단순히 도덕적 가치가 아니라, 위기 시 용사들의 자발적 헌신을 끌어내는 가장 강력한 '전투력 향상제'입니다. 용사들이 리더를 신뢰할 때, 부대의 결집력은 기하급수적으로 상승하며 이는 그 어떤 최신 무기보다 강력한 억제력이 됩니다.

3. 아는 것을 넘어 행동으로: 민초들의 자발적 국방

진정한 리더십은 국민의 원함을 단순히 데이터로 '아는 것'이 아니라, 그 아픔을 공감하며 '행동'으로 옮기는 데서 완성됩니다. 우리 역사의 고비마다 나라를 구한 것은 화려한 기득권층이 아닌, 국가를 신뢰하고 사랑했던 민초들이었습니다.

임진왜란 당시 관군이 무너진 자리에서 스스로 일어난 의병들, IMF 외환위기 때 장롱 속 금붙이를 꺼내 놓았던 국민들, 그리고 태안의 검은 바다를 인간 띠를 만들어 닦아 냈던 자원봉사자들까지. 이 모든 행동의 기저에는 "나의 헌신이 헛되지 않을 것"이라는 국가에 대한 신뢰가 있었습니다. 수많은 재난 극복 사례들은 공통적으로 '리더의 투명한 정보 공개'와 '국민의 자발적 참여'를 성공의 핵심 요인으로 꼽습니다. 이란의 지도부가 국민의 원함을 무력으로 찍어 누를 때, 우리 민초들은 스스로를 던져 나라를 지켰습니다. 이것이 바로 우리가 지향해야 할 '인간 중심 군대 문화'의 정수입니다.

4. 미래의 간부를 희망하는 리더들에게: 신뢰의 파수꾼이 되어라

초급 간부를 희망하는 여러분, 여러분은 곧 현장에서 용사들과 호흡하게 될 리더들입니다. 여러분이 마주할 20대 용사들은 공정함에 민감하고, 자신의 가치를 인정받고 싶어 하는 세대입니다. 이들에게 과거의 강압적인 통제나 성과 지향적 명령은 통하지 않습니다.

여러분이 짊어질 계급장은 기득권의 권위가 아니라, 용사들의 생명을 책임지겠다는 무거운 약속입니다. 이란의 실패를 반면교사 삼으십시오. 국민과 용사들의 목소리를 듣지 않는 리더는 이미 전장에서 패배한 것이나 다름없습니다. 평소에 용사들의 이름을 불러 주고, 그들의 사소한 고민에 귀를 기울이며, '아는 것'을 '행동'으로 실천하십시오.

신뢰는 거창한 구호에서 나오지 않습니다. 비 오는 날 용사들의 옷자락을 먼저 걱정하는 마음, 공정한 보상과 처우를 위해 발 벗고 뛰는 리더의 뒷모습에서 싹틉니다. 여러분이 신뢰를 얻었을 때, 여러분의 부대는 세상에서 가장 강한 창과 방패가 될 것입니다. 대한민국 국방의 미래는 바로 여러분이 쌓아 올릴 '신뢰의 성벽' 위에 달려 있습니다.

지휘의 눈, 승리의 설계도

사람을 품고 지형을 읽는 1인칭 리더의 임무 완결법

ⓒ 김근호, 2026

초판 1쇄 발행 2026년 4월 21일

지은이   김근호
펴낸이   이기봉
편집   좋은땅 편집팀
펴낸곳   도서출판 좋은땅
주소   서울특별시 마포구 양화로12길 26 지월드빌딩 (서교동 395-7)
전화   02)374-8616~7
팩스   02)374-8614
이메일   gworldbook@naver.com
홈페이지   www.g-world.co.kr

ISBN   979-11-388-5739-0 (03390)